精准扶贫
农业科技
明白纸
MINGBAIZHI XILIE
系列

4

农业机械、农机能源

农业科技明白纸系列丛书编委会　编

甘肃科学技术出版社

图书在版编目(CIP)数据

农业机械、农机能源 / 农业科技明白纸系列丛书编
委会编. -- 兰州 : 甘肃科学技术出版社,2016. 3(2016.10 重印)
(精准扶贫农业科技明白纸系列丛书)
ISBN 978-7-5424-2310-8

Ⅰ.①农… Ⅱ.①农… Ⅲ.①农业机械–基础知识②
农村能源–基础知识 Ⅳ.①S22②S21

中国版本图书馆 CIP 数据核字(2016)第 042590 号

出 版 人 王永生
责任编辑 韩 波(0931-8773238)
出版发行 甘肃科学技术出版社(兰州市读者大道 568 号 0931-8773237)
印 刷 甘肃兴业印务有限公司
开 本 880mm×1230mm 1/16
印 张 6.5
字 数 150 千
版 次 2016 年 5 月第 1 版 2016 年 10 月第 2 次印刷
印 数 3001～5000
书 号 ISBN 978-7-5424-2310-8
定 价 37.00 元

编委会

总　策　划	康国玺			
策　　　划	杨祁峰			
编委会主任	康国玺			
编委会副主任	刘志民	阎奋民	尹昌城	韩临广
	姜　良	妥建福	杨祁峰	周邦贵
	杜永清	程浩明	曹藏虎	梁仲科
编委名单	马占颖	袁秀智	王兴荣	马再兴
	陈　健	丁连生	李　福	谢鹏云
	豆　卫	陈　静	武红安	袁正大
	徐麟辉	马福祥	王武松	常武奇
	张保军	王有国	赵贵斌	蒲崇建
	崔增团	李向东	李　刚	韩天虎
	贺奋义	李勤慎	卢明勇	安世才
	张恩贵			

前　言

　　甘肃是个典型的农业省份,农村人口多,贫困面广。随着农业农村改革的不断深化,全省农业生产投入方式、组织方式和生产经营方式发生了深刻变化,应对农村生产力和生产关系变革,迫切需要解决农业后继乏人的问题,迫切需要解决从业农民技能提高的问题。因此,开展新型职业农民培训已成为当前"三农"工作中一项重要而紧迫、长期而艰巨的重大任务。近年来,按照省委、省政府推进"365"现代农业发展行动计划、"1236"扶贫攻坚行动和"联村联户、为民富民"行动的总体部署,省农牧厅把农民培训确定为重点工作之一,整合资源、集中力量、大力推进,极大地调动了农民学科技、用科技的积极性,不仅推广普及了先进实用技术,而且还带动了农民创业就业,培养造就了一大批种养专业户、科技示范户、合作社骨干、农村致富带头人、农技能手等生产经营服务人才,促进了农业增效、农民增收,推动了我省农业农村经济持续较快发展。

　　为了进一步满足广大农民学科技、用科技的需求,加大新型职业农民的培育力度,推广先进实用技术,省农牧厅组织农业技术推广单位的百余专家和农技人员,按照实际使用、通俗易懂和应知应会的原则,从农业生产世纪出发,紧紧围绕全省优势产业和特色产品,以关键生产技术和先进实用技术为重点,以贴近农民生活、通俗易懂的语言,配以直观形象、简单明了的图片,编撰了600项农业科技明白纸,并邀请甘肃农业大学、省农科院和基层农技推广专家进行了审定。

　　真诚希望我们编撰的这套丛书能够帮助广大农民学习新知识、运用新技术、汲取新营养,努力打造一支有知识、懂技术、会经营、善创新的新型农民,为我省现代农业发展提供强有力的人才支撑。希望广大农业工作者切实增强服务农业、服务农民的责任心,自觉推广普及农业科技知识,着力培育我省现代农业生产经营人才,让农业成为有奔头的农业,让农民成为体面的职业。

康国玺

甘肃省农牧厅党组书记、厅长

目　录

如何鉴别农机用油的伪劣？

1.劣质汽油的辨别

一是看油的颜色，正宗汽油呈淡黄色、浅红色或橙黄色。二是看气泡，摇动后即产生气泡，且随产生随消失。三是闻气味，

图1　好汽油与劣质汽油对比

鼻闻正宗汽油，有强烈的汽油味。四是摸油质，用手摸发涩，且有凉的感觉。五是观察油的挥发情况，正宗汽油的挥发性很强。倘若不具备以上五大特征可视之为伪劣汽油(见图1)。

2.劣质煤油的辨别

正品煤油是白色或浅黄色，透明。摇动后气泡消失较快，并有较强的煤油味。手摸时，稍有光滑感，其挥发性较差。如果上述特点表现不明显或没有，说明是假冒伪劣煤油(见图2)。

图2　正品煤油

3.劣质轻、重柴油的辨别

正品轻柴油为茶黄色，表面发蓝，且有柴油

味。摇动后产生的气泡小，且消失快。摸时有光滑感，手沾后有油感。正品重柴油呈棕褐色，稍带柴油味，有些臭味。摇动后，气泡带黄色，且消失较快。摸后手有光滑感和油感。与上述特征不相符的柴油，为劣质柴油(见图3)。

图3　正品与掺水柴油对比

4.劣质0号、−20号柴油的鉴别

正品柴油呈黄色，闪点为60℃以上，劣质柴油炭渣含量大，颜色黑，闪点只有43℃。目前我们国家供应柴油，一种是0号柴油(见图4)；一种是−20号柴油(见图5)。两种柴油的鉴别方

图4　0# 柴油

图5　−20# 柴油

法如下：

(1)降温试验法：把一根装有少量柴油的玻璃管放进冰水里，如立即凝固，表明不是0号柴

油,若不凝固,则是 0 号柴油。如果没有冰水,可用冷水代替。

（2）燃烧辨别法:用两种柴油作燃烧对比,－20 号柴油冒黑烟大,0 号柴油冒黑烟小。

（3）油质观察法:0 号柴油含蜡少,密度小,颜色黄。－20 号柴油含蜡多,密度大,颜色较黑。

（4）密度测试法:0 号柴油比－20 号柴油密度小。两种柴油在透明容器中混合,可以看到－20 号柴油下沉,0 号柴油上浮现象。如果鉴别的结果与上述情况不相同,说明是劣质或不合格的 0 号或－20 号柴油。

 5.劣质机油的辨别

正品机油

图6　正品机油

这里介绍的主要是汽油机、柴油机机油。这类机油有鲜明的特征。一是油色、油味特别,这类机油为深褐色至蓝黄色,有酸性气味。二是气泡特别,摇动后气泡少而大,消失慢,油"挂瓶"后呈黄色,三是手感特别。蘸水捻动后,稍能乳化,且黏稠,能拉出短丝。与上述特征不相符的,为劣质机油(见图6)。

 6.假齿轮油的辨别

首先看颜色,正品的齿轮油呈黑色至黑绿色,其次闻油味,正品的齿轮油有一股焦煳味。再次看油的流动性,正品的齿轮油"挂瓶"后,很长时间流不净。还要看油的气泡,正品油摇动后,很少见气泡。最后看油的黏度,正品的齿轮油摸后沾手不易去掉,能拉丝。如不具备上述特征,就是劣质的齿轮油(见图7)。

齿轮油

图7　齿轮油

 7.劣质钙基润滑脂的辨别

一是看脂膏的颜色和形状,正品的钙基润滑脂为黄褐色,结构均匀,光滑,呈软膏状。二是用水试验,看在水中分化情况,真品的脂膏在水中无很大变化,搅拌不乳化。三是检验它的黏度和手感情况,真品用手摸时,有光滑感,但不拉丝,蘸水捻动不乳化。具备以上特征为正宗产品,否则为假货(见图8)。

钙基润滑脂

图8　钙基润滑油

常用农业机械的拆卸与安装的技巧和方法有哪些？

农业机械维修时,常进行拆卸和安装,而农业机械的类型、牌号很多,构造不一,若乱拆硬装,就容易损坏农机。因此,在拆卸和安装时,应严格按规程进行。

 1.拆卸技巧和方法

1)应按农机构造的不同,预先考虑好操作程序,以免先后倒置。

2)拆卸时,应从外到内、从上到下进行。

3)操作时应使用专用工具,禁止用锤子直接在零件上敲击。

4)要弄清零件的回转方向,对精密零件应小心操作,如丝杆、长轴等零件须用绳索吊起,用布包好,以防弯曲变形和损坏。

5)拆下的零部件,应按要求依次放置于木架上、木箱或零件盘内,不得置于地上,以防碰坏、锈蚀。

6)拆下的零件应尽量按原结构套在一起,如轴、齿轮、螺钉、垫片、定位销等。

7)对成套加工或不能互换的零件,拆卸前作好记号,并用绳索串起,以免搞混,如齿轮组、气门与气门座、油管接头等,且阀上的零件应塞在原阀体内。

8)对不需修理而仍然能使用的部件,不应拆散和乱放,如花键与齿轮、轴与轴承等。

9)为便于检查零件,对拆下的零件应进行必要的清洗,然后涂上机油,以防锈蚀,流程见图6。

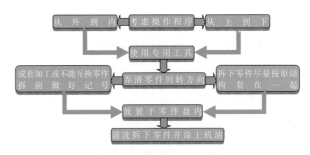

图6 农业机械拆卸流程图

 2.安装技巧和方法

1)装配时,应当从里到外,从上到下,以不影响下道工序为原则。

2)操作要认真,重要复杂零部件要重复检查,以免错装、漏装。

3)不让污物进入零部件内。

4)安装过程中,应严格按技术要求逐项检查。

5)装配好的机器必须进行调整及试运行,流程见图7。

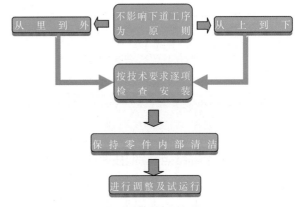

图7 安装技巧及方法流程图

维修农业机械应当注意些什么？

随着农机向着小型化的发展，及农机保有量的迅速增加，农机维修市场也得到了快速的发展，但也出现了泥沙俱下的现象，维修过程中频繁出现质量纠纷和质量事故，侵害了农民的权益。为了避免和减少这种情况的发生，除了有关部门对农机维修市场加强管理外，农民在对农机进行维修时也要做到理性和理智，切实提高自我保护能力，增强维权意识。

第一，认真选择维修点。在选择修理点时，要先看一看他们有没有农机维修资格，他们是否有农业机械管理部门颁发的"技术合格证"和维修人员"技术等级证"，以及工商行政管理部门核发的营业执照。如果没有"技术合格证"、"技术等级证"，说明这个维修点不具备修理农机的能力，维修质量将无法得到保障（见图8）。

图8　农机维修技术合格证

第二，掌握维修点类别。按照有关规定，农机维修点分为三类，每一类都应当具备维修业务相适应的仪器、设备及具有农业机械维修技能的技

图9　农机维修点配件

术人员。为此，在维修农机时要弄清修理点是否具备你所要维修农机具的条件（见图9）。

第三，注意配件的质量。在对农机具进行维修过程中，要注意所使用配件的质量。现在的维修方式大多数都以换件修理为主，因此，修理质量的优劣在很大程度上取决于配件的质量。

第四，索要维修的凭证。农机修理完毕后，要向修理点索要维修凭证和所更换零件的发票，假若在维修保证期内出现质量问题，应当以维修凭证和所更换零件的发票要求重新修理或更换。要是出现质量纠纷，就要到当地农机或技术监督管理部门进行投诉。当因为修理问题出现重大质量事故而投诉得不到解决时，可向当地法院起诉，使自己的合法权益得到保护。

怎样正确使用、维护和保养微耕机?

农民朋友购买微耕机后,在使用上一定要有正确的操作方法,并需做好日常的保养工作。技术人员提醒农民朋友, 应当从以下方面加以注意:

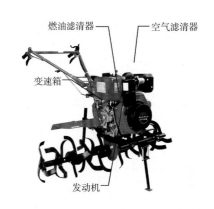

 1.磨合

新机未经磨合,直接投入使用会缩短微耕机使用寿命。最初 20 小时是发动机的磨合期,操作者必须遵循以下事项:

1)初次启动后进行 5 分钟的预热空运转。在发动机未达到工作温度前保持低速低负载运转,切勿高速满负载运转;

2)避免满负载运转。发动机在磨合期不能满负载运转, 可以按转速 3000 转 / 分、负载 50%左右进行磨合。

 2.日常保养

每次使用前进行检查, 检查各部位的螺栓、螺母是否松动及润滑油量,同时要进行定期保养与维护。

1) 发动机润滑油第一次 20 小时, 以后每 100 小时更换一次;

2)行驶变速箱油的更换第一次 50 小时,以后每 200 小时更换一次;

3)燃油滤清器每 500 小时清扫清洗,1000 小时更换;

4)每日清扫空气滤清器。

 3.安全操作

1)田间以外较长距离移动机器时,应安装行走轮。进入水田、渡过水沟或通过柔软的场所,必须使用垫板,以最低速度移动。垫板的宽度、强度、长度应适合本机器。在垫板上,请勿操作转向把手、主离合器手柄和主变速操纵杆。

2）禁止急进、急停，转弯时把速度降到最慢。在下坡或在凹凸不平、有横断沟的道路，尽量降低速度。

3）禁止站在旋耕机后进行后退作业，严禁将手脚伸入旋耕刀下。

4）大棚内作业时，一定要注意排气和换气，特别在冬季，应引起充分重视。

5）注意旋耕机作业时碰到坚固的地面或石头会顺势跳起。

6）后退时，应减小油门，切断旋耕动力。

7）发动机启动时，要确认挂挡操纵杆推（拉）至空挡位置并注意周围安全。

8）清除泥土、刀爪上杂草时，发动机应熄火。

9）倾斜地作业时，不要使用转向把手。

 4.故障排除

微耕机主要故障排除方法

故障现象	故障原因	排除方法
无法启动或启动困难	燃油用完	补充燃油，检查油箱开关是否打开
	启动顺序不正确	检查启动拉盘
	喷油嘴不喷油	检查喷油嘴是否卡死和燃油管道是否进空气
	发动机压缩不好	检查减压手柄是否打开
	添加机油标号错误	按正确标号添加机油

故障现象	故障原因	排除方法
发动机功率不足，表现为发动机烟色为黑色	曲轴轴承磨损严重	更换曲轴轴承
	供油时间不正确	调整供油时间
	气门间隙不正确	调整气门间隙
	空气进气量不足	清洗空气滤清器
	压缩比达不到要求	更换活塞环

 5.微耕机长期停放注意事项

1）发动机低速运转5分钟，停机后排除机油，加注新机油。

2）拆下发动机气缸罩上的加油螺栓，加注50～100克机油。

3）将挡位挂至空挡，按住发动机减压手柄，拉动反冲启动绳2～3次。然后将减压手柄放回压缩位置，慢慢拉反冲绳直到感觉到有压力为止。

4）机具应洗净晒干，停放干燥、安全位置。

怎样正确使用与保养旋耕机？

旋耕机是与拖拉机配套完成耕、耙作业的耕耘机械。因其具有碎土能力强、耕后地表平坦等特点，而得到了广泛的应用。正确使用和调整旋耕机，对保持其良好技术状态，确保耕作质量是很重要的。现将旋耕机正确使用与调整技术介绍如下：

 1.旋耕机的使用

1）作业开始，应将旋耕机处于提升状态，先结合动力输出轴，使刀轴转速增至额定转速，然后下降旋耕机，使刀片逐渐入土至所需深度。严禁刀片入土后再结合动力输出轴或急剧下降旋耕机，以免造成刀片弯曲或折断，加重拖拉机的负荷。

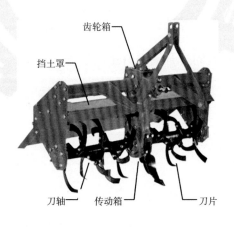
齿轮箱
挡土罩
刀轴　传动箱　刀片

2）在作业中，应尽量低速慢行，这样既可保证作业质量，使土块细碎，又可减轻机件的磨损。要注意倾听旋耕机是否有杂音或金属敲击音，并观察碎土、耕深情况。如有异常应立即停机进行检查，排除后方可继续作业。

3）在地头转弯时，禁止作业，应将旋耕机升起，使刀片离开地面，并减小拖拉机油门，以免损坏刀片。提升旋耕机时，万向节运转的倾斜角应小于 30°，过大时会产生冲击噪声，使其过早磨损或损坏。

4）在倒车、过田埂和转移地块时，应将旋耕机提升到最高位置，并切断动力，以免损坏机件。如向远处转移，要用锁定装置将旋耕机固定好。

5）每个班次作业后，应对旋耕机进行保养。清除刀片上的泥土和杂草，检查各连接件紧固情况，向各润滑油点加注润滑油，并向万向节处加注黄油，以防加重磨损。

 2.旋耕机的调整

1）左右水平调整。将带有旋耕机的拖拉机

停在平坦地面上,降低旋耕机,使刀片距离地面5厘米,观察左右刀尖离地高度是否一致,以保证作业中刀轴水平一致,耕深均匀。

2)前后水平调整。将旋耕机降到需要的耕深时,观察万向节夹角与旋耕机一轴是否接近水平位置。若万向节夹角过大,可调整上拉杆,使旋耕机处于水平位置。

3)提升高度调整。旋耕作业中,万向节夹角不允许大于10°,地头转弯时也不准大于30°。因此,旋耕机的提升,对于使用位调节的可用螺钉在手柄适当位置拧至限位处;使用高度调节的,提升时要特别注意,如需要再升高旋耕机,应切除万向节的动力。

 3.维护与保养

1)每天工作后应及时清除轴承座、刀轴及

挡土罩等处的积泥油污;拧紧各连接部分螺钉和螺母;检查齿轮箱及侧边传动箱油面,必要时添加;按说明书规定向有关部位加注润滑脂。

2)作业时要定期检查刀片的磨损情况,检查刀轴两端油封是否失效。作业结束除彻底清除外部积泥和油污外,还应清洗齿轮箱和侧边传动箱并加入新的润滑油;对刀轴轴承及油封进行检查、清洗,并加注新的润滑油。

3)用万向节传动的旋耕机还应在每天工作结束后向十字轴处加注润滑脂,定期检查万向节十字轴是否因滚针磨损而松动,或因泥土转动不灵活,必要时拆开清洗并重新加满润滑脂。

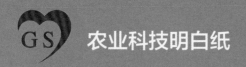

怎样正确使用、维护和保养喷雾机？

随着规模、集约、高效农业的发展,植保机械发挥着越来越重要的作用,为更好发挥担架式高效机动喷雾机使用性能,在实际使用过程中主要应注意以下几点:

1)按说明书的规定将机具组装好,并检查各部件位置正确,螺栓紧固,皮带及皮带轮运转灵活,松紧适度,防护罩完好。

2)按说明书上规定的牌号向曲轴箱内加入润滑油至规定油位,以后每次使用前都要检查,并按规定对汽油机检查及添加润滑油。

3)启动发动机(如何启动见说明书),低速运转 10~15 分钟,若见有水喷出且无异常声响,可逐渐提高到额定转速,然后将卸压手柄按下,并按顺时针方向逐步旋紧调压轮调高压力,使压力指示到要求的工作压力(通常 2.5~3.5MPa)后,紧固定螺母。

4)柱塞泵黄油杯随时注满黄油,每使用 1 小时应将黄油杯向下旋转 2~3 圈。

5)每天作业完成后应在使用压力下,用清水继续喷洒 2~5 分钟,清洗泵内和管路内残留的药液,防止内部残留药液腐蚀机体。

6)卸下吸水滤网和喷雾胶管,打开出水开关,将卸压手柄按下,旋松调压手轮,使调压弹簧处于松弛状态,用手旋转发动机或泵,排除泵内存水,并擦洗机组外表污物。

7)按使用说明书要求,定期更换发动机和柱塞泵曲轴箱内机油。如曲轴箱内太脏,可用柴油清洗内腔后再加机油。

8)防治季节结束,机具长期存放时,应彻底排除泵内积水,防止机件锈蚀以及天寒时被冻坏,并卸下三角皮带、喷枪、胶管、混药器、滤网等,清洗干净并晾干,尽量悬挂保存。放净汽油机内的燃油和机油。

9)注意使用中的液泵不可脱水运转,以免损坏"V"形胶圈和柱塞,启动和转移时尤需注意。

10)每次开机或停机前,应将卸压手柄扳起在卸压位置。

发动机　皮带轮　调压手轮　柱塞泵　压力指示器

怎样做好小麦联合收割机的用后保养？

联合收割机是大型农业机械，结构复杂，投资较大，而每年使用的时间短，存放期很长。因此，在作业结束后，要及时封存保养，使其保持良好的技术状态，才能延长使用寿命，提高经济效益。按如下方法进行保养：

1）彻底清扫机器。将机器内外的泥土、碎秸秆、籽粒等杂物清理干净，并用水管冲洗1遍，晾干后存放。

2）按联合收割机说明书中的润滑图（表）和柴油机使用说明书进行全面润滑，然后踩油门将机器空转一段时间。

3）卸下全部三角胶带，擦干净后涂上滑石粉，系上标签，挂在阴凉干燥透风处。

4）卸下链条清洗干净，涂上机油或黄油，包好后放在干燥处，链轮擦洗后涂上黄油防锈。

5）检查保养割刀。清除动刀片及定刀片上的泥土，清洗干净涂油防锈。

6）检查维修脱粒滚筒，修复弯曲的齿。

7）检查各部位的坚固情况。如有松动，必须进行固定。

8）卸下蓄电池，单独进行存放，保存方法以干存法为宜。

9）将发动机水箱、机体、机油冷却器的放水开关打开，放净水，放出油箱中燃油和油箱底壳中的机油。

10）用塑料布将空气滤清器、排气管等部位包好，向气缸内注入适量的清洁机油，并转动曲轴数周。

11）用方木将联合收割机垫起，使轮胎离开地面，将轮胎适当放气。

12）把收割台、拨禾轮降到最低位置，平衡放在垫木上，使液压系统不承受负荷。

喷灌机使用和保养有哪些注意事项?

 1.使用注意事项

1)水泵启动后,3分钟未出水,应停机检查。

2)水泵运行中若出现不正常现象:杂音、振动、水量下降等,应立即停机,要注意轴承温升,其温度不可超过75℃。

3)观察喷头工作是否正常,有无转动不均匀,过快或过慢,甚至不转动的现象。观察转向是否灵活,有无异常现象。

4)应尽量避免使用泥沙含量过多的水进行喷灌,否则容易磨损水泵叶轮和喷头的喷嘴,并影响作物的生长。

5)为了适用于不同的土质和作物,需要更换喷嘴,调整喷头转速时,可以拧紧或放松摇臂弹簧来实现。摇臂是悬支在摇臂轴上的,还可以转动调位螺钉调整摇臂头部的入水深度来控制喷头转速。调整反转的位置可以改变反转速度。

卷盘式喷灌机

6)喷头转速调整好的标志是,在不产生地表径流的前提下,尽量采用慢的转动速度,一般小喷头为1~2分钟转1圈,中喷头3~4分钟转1圈,大喷头5~7分钟转1圈。

 2.保养注意事项

1)对机组松动部位应及时紧固。

2)对各润滑部位要按时润滑,确保润滑良好和运转正常。

3)机组的动力机、水泵的保养,应按有关说明书进行。

4)喷灌机组长时间停止使用时,必须将泵体内的存水放掉,拆检水泵、喷头,擦净水渍,涂油装配,进出口包好,停放在干燥的地方保存。管道应洗净晒干,软管卷成盘状,放在阴凉干燥处。切勿将上述机件放在有酸碱和高温的地方。

5)机架上的螺纹、快速接头和易锈部位,应涂油妥善存放。

大型平移式喷灌机

怎样正确养护农用水泵？

1）泵组的安装要讲究准确牢靠，作业时不可有明显的震动。若水泵抽水时有异响，或轴承烫手（温度高于60℃）以及泵轴密封处渗水大于每分钟60滴时，一定要查明原因，及时排除故障。

2）日常拧动的螺丝，如填料压盖螺丝、灌水堵等，应用合适的扳手、合理的扭矩拆装，不要用手钳拧，以防丝扣或螺帽滑扣。其余螺丝，可在上面抹些润滑油或定期用油布擦拭防锈。放水螺丝如不常用易锈死，所以买回新水泵后，应先把放水堵拧下，在丝扣上涂些机油和白铅油，以后每年换两三次新油。

3）用机油润滑的水泵，每月应更换一次润滑油，用黄油润滑的每半年换一次。要注意，水泵用钙基润滑脂，电动机用钠基润滑脂，彼此不要用错。因钠基润滑脂亲水，在水泵上遇水会乳化成泡沫消散，而钙基润滑脂怕高温，用在电机上，温度升高后易化掉。

4）不能抽含沙量太大的水，以免叶轮、口环和轴等处过早磨坏，还要设法预防缺水运行。缺水运行会损坏水封，易出现水泵漏水，甚至不出水的现象。

5）严冬使用后要马上排尽泵内的水。排灌季节结束后，要随即认真清洗，检查水泵，发现有损坏或变形不可继续使用的零件要及时修好或更换，应润滑的部位加注合适的油料。水泵如长期不用，要包装好放干燥处保存。

怎样排除农用水泵常见的五种故障?

1)水泵不吸水或不排水。造成这种故障多数是由于底阀卡死、滤水部分淤塞,吸水高度太高或吸水管漏气等。应逐一进行检查,分别采取修理底阀、清除淤塞物、纠正转向等进行处理。

2)管道漏水或漏气。多是由于螺帽没拧紧。如果渗漏不严重,可以在渗漏处涂抹水泥浆、湿泥或软肥皂;如果接头处漏水,可用扳手拧紧螺帽。严重漏水、漏气时,必须重新拆装。

3)水泵剧烈震动。可能是电动转子不平衡或联轴器结合不良。有时轴承磨损、弯曲,转动部位零件松弛、破裂,管路支架不牢也会引起震动。应分别调整、加固、检查或更换。

4)叶轮打坏。损坏不大时,可以进行修补。损坏严重时应当更换或镀上硬质合金。完全损坏的,应拆下叶轮,送维修厂修理。

5)泵轴弯曲。多是由于受冲击负荷,皮带拉得过紧、安装不正确等造成的。如果弯的不严重,可用手动螺杆器进行矫正,但用力不可过猛,以防完全折断。

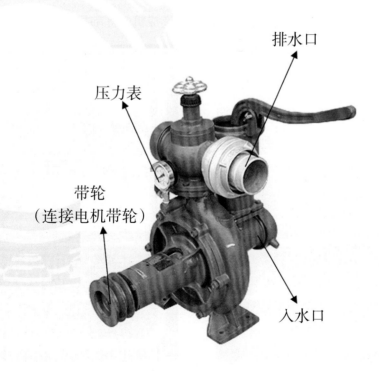

排水口

压力表

带轮
(连接电机带轮)

入水口

新购拖拉机的使用注意事项

 1.拧紧连接件

拖拉机出厂时虽然经过厂方检验，但是在反复运转过程中，机器难免会出现连接松动现象。为此，应及时拧紧各种连接件和紧固件，特别是转向系、制动系、悬挂和车轮等部位。

 2.检查液面高度

主要是燃油箱油面、水箱水面、变速器和后桥润滑油油面，以及蓄电池电解液液面高度。发现液面不足时，应及时添加液料。

正确使用机油：在使用前，要检查油底壳内机油的数量，应不少于油标尺下刻线。如拖拉机出厂时正值夏季，而买回来时是冬季，应更换成冬季用的机油，反之亦然。大型拖拉机上的机油滤清器的转换开关，应按季节或气温转到"夏"或

"冬"的位置。有的生产企业为了避免油浴式空气滤清器油盘内的机油在运转过程中泼洒出来污染车容，而在出厂时未添加，买回来后应注意添加机油。

 3.磨合别松懈

就是让新机器的转速由低到高，负荷由小到大，通过循序渐进的运行过程，把齿轮、轴等摩擦面上的加工痕迹磨光而变得更加合缝。磨合对延长零件的使用寿命具有重要的作用，千万不要为了省油、省事，忽视磨合过程，否则将会因小失大，造成机件提前损坏。

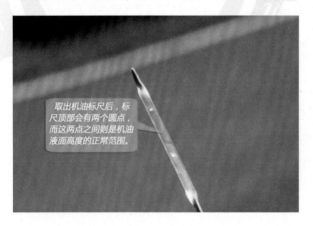

取出机油标尺后，标尺顶部会有两个圆点，而这两点之间则是机油液面高度的正常范围。

磨合别松懈

冬季使用拖拉机"三做到、四防和五忌"

冬季使用拖拉机应"三做到、四防和五忌"。

三做到：一是入冬之前，对拖拉机做一次全面的维护保养，并彻底排除发动机难以启动的隐患，使拖拉机保持良好的技术状态。二是冬季气温低，要选用 0 号柴油和流动性能好、黏度较小的冬季用的机油。三是坚持科学的方法启动发动机。即加热水预热发动机等方法。

四防：一是防冻，每天作业结束后，让发动机在小油门怠速运转 10 分钟左右，等机温降至 50℃左右再放掉冷却水，以防止冻坏发动机。二是防滑，冬季温度低，拖拉机在冰雪道路上行驶，应降低行驶速度，以防滑。三是防火，冬季气候干燥、易着火，因此保养拖拉机时应防火，严禁明火照明，天黑加油宜用手电筒照明，禁止用火烤润滑油。正确的做法是：每天作业结束后，放出发动机油底壳中的润滑油，装入塑料桶里，第二天出车前，将塑料桶放入装有水的铁盆里用火加热，待润滑油变稀后再加入油底壳内，然后摇转曲轴数圈，再启动发动机。四是防盗，拖拉机必须有个"窝"，不仅能避风雨，挡雪霜，延长使用寿命，而且还可以防止拖拉机被盗。

20W-50的机油

五忌：一忌明火烤机，明火烤机容易导致火灾，而且使一些机件突然受热出现损坏。二忌不放掉冷却水过夜，冷却水留在水箱和机体内，会冻坏水箱和拖拉机的发动机。三忌水箱未加冷却水先启动，容易导致发动机的气缸盖、气缸套、机体等破裂，造成损失。四忌启动后猛轰油门，启动后猛轰油门，使发动机转速急剧加快，这样会因润滑不良加剧机件磨损。同时增加燃油消耗。五忌溜坡和拖拉启动，溜坡启动就是拖拉机停在陡坡上，第二天启动时，踩下离合器，挂上高速挡，等拖拉机随坡度越溜越快时，加大油门，猛松离合器，迫使和强制拖拉机启动。拖拉启动，就是由前面的车辆挂上钢丝绳，拖后面的拖拉机启动。溜坡和拖拉启动的方法不可取，一是不安全、容易造成事故，二是容易损坏机件。

防冻
机温降至 50℃
怠速 10 分钟 ——→ 放掉冷却水

防滑　低速行驶

防火　　防盗

发动机冒黑烟有哪些原因？如何排除？

发动机冒黑烟是喷到气缸中的柴油燃烧不完全。常见的原因有：空气滤清器堵塞，发动机超负荷运行，喷油器雾化不良，气门间隙不正确、气门下陷量过大，供油时间过迟等。检查、排除步骤如下：

1) 检查空气滤清器，看空气滤清器是否有堵塞，按期对空气滤清器进行保养；

2) 冒黑烟时，降低发动机负荷，如现象消失，说明发动机超负荷运转，应避免超负荷工作；

3) 检查调整气门间隙气门下陷量，看气门间隙是否正确，或气门下陷量过大；

4) 检查调整喷油器，查看喷油器雾化情况，调整供油时间；更换严重磨损零件如柱塞、油泵凸轮轴（或单缸机滚轮）。

拖拉机空气滤清器

发动机超负荷运行时，拖拉机冒黑烟

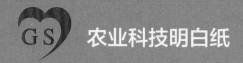

怎样排除柴油机冒白烟？

柴油机排气冒柴油蒸气(白色)和水蒸气(淡白色)统称冒白烟,其原因和排除方法如下:

 1.症状一:冒淡白烟

1)柴油中有水。排除方法:排尽柴油供给系统油箱底部、柴油滤清器、喷油泵等部件中的水。预防:柴油需沉淀 24 小时以上方可使用,加油时油抽不要插到柴油桶底部。油箱盖损坏或丢失要及时配上。

2)冷却水漏入气缸。气缸垫密封不良或气缸盖底部裂缝,水套中的冷却水漏入气缸,也会形成水蒸气冒白烟。需查找漏水部位并修复或更换相关零件。预防:一是气缸盖螺栓要按对角线分次拧紧至规定数值。二是安装缸套时,缸套凸肩要略高于缸体平面。三是使用时及时加冷却水,防止缸套开裂。

 2.症状二:冒白烟

1)冬季气温低。因气温太低,部分柴油未能着火燃烧冒白烟。此白烟随发动机温度提高而自行消失,属正常情况,无须排除。

(2)柴油雾化不良。原因有:喷油压力过低、喷油器严重滴油,或喷油器压力调得过低,致使部分柴油油雾在燃烧室内未能着火燃烧而冒白烟。应区别情况,或更换油泵柱塞偶件,或调整喷油压力至正常值,或拆卸喷油器研磨修复针阀偶件,无法修复要更换。

柴油机冒白烟

发动机冒蓝烟有哪些原因？如何排除？

发动机冒蓝烟主要是烧机油造成的。常见冒蓝烟的原因为下：

1）空气滤清器中机油过多。空气滤清器(惯性油浴式)的油盘内机油过多,在热车情况下,机油被稀释,高速时容易被空气流带人气缸内燃烧,而排出蓝烟。此时应检查油盘内机油量是否合适。

2）油底壳内机油过多。油底壳内机油过多,飞溅到气缸壁上的机油也相应增加,部分机油从活塞环缝隙中窜到燃烧室燃烧,产生蓝烟。此时,检查油底壳中的机油量,不得超过油标尺上的最高刻线记号。

3）活塞环对口、气缸套磨损、活塞环侧隙过大,开口间隙过大活塞环对口,或形成积炭胶结失去弹性的,气缸壁上的机油不能被全部刮下。气缸套严重磨损,使活塞环开口间隙过大,会降低刮油能力；活塞环与活塞环槽的侧隙过大,产生泵油作用,使机油向上窜入燃烧室。这些都会造成排气冒蓝烟,严重时,排气还带有没有完全燃烧的机油油粒在排气管转弯处滴机油。

4）气缸套与活塞环磨合不好、活塞环锥面装反、扭曲环装反这主要出现在维修后的发动机上,由于气缸套与活塞、活塞环没磨合好,机油不能完全从气缸壁上刮下来,这时表现为烧机油,但随着磨合时间的增加,烧机油现象逐渐消失。锥面环装反或扭曲环装反,不但不起刮油作用,反而起泵油作用,所以排气冒蓝烟,在安装活塞

发动机冒蓝烟

及活塞环时要多加注意。

5）气门导管间隙过大。气门导管严重磨损,润滑摇臂的机油滴入间隙中被吸进气缸,造成烧机油冒蓝烟。

这类故障检查排除时,应先易后难,先外部,后内部。如发动机冒蓝烟时,首先检查空气滤清器内的机油量和油底壳的机油量；若正常,则是气门导管间隙、活塞环、活塞和气缸套等部分的问题。如是修理后的发动机,除检查空气滤清器内机油量和油底壳内机油量外,不要急于检查发动机内部零件,待磨合一段时间后观察。若故障消失,说明是磨合不好引起的,若故障仍存在,应检查活塞和活塞环的装配质量。

发动机温度异常有哪些原因？如何排除？

发动机温度不正常主要是指发动机温度过高。发动机长期处于过热状态下运行，将加速各运动零件的磨损和损坏。

1.冷却系的故障

1）水温过高。由于水箱缺水，挡风帘调节不当，风扇皮带过松，节温器失灵，水泵磨损，水道中水垢过厚等原因，冷却水带走的热量减少，使发动机的温度过高。此时，应首先检查水箱水量、挡风帘的位置、水泵风扇皮带的张紧程度，然后检查水泵的工作情况，清洗水道中水垢。正常工作时，发动机冷却水应加软水，避免产生过多水垢。

2）机油温度过高。气缸严重向油底壳漏气，会引起机油温度过高。

2.其他原因引起的发动机温度过高

1）发动机长期超负荷工作。发动机长期超负荷工作，引起供油量增加，使发动机温度过高。

2）供油时间过迟。供油时间过迟，后燃的气体被排出时还带有火焰，使排气门和气缸盖过热。

3）喷油器雾化不良。雾化不好，燃烧速度减慢，火焰长时间烤灼活塞顶、排气门和缸盖等处，引起发动机过热。

4）温度表不准确。温度表长期使用后不准，不能正确指示发动机冷却水温度（可以用水银温度计在热水中校对）。

K4100ZD柴油机

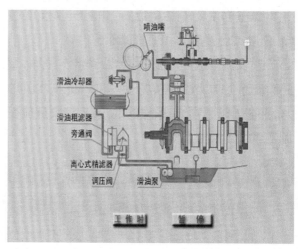

如何正确地使用和保养铧式犁？

 1.铧式犁的维护与保养

1）定期清除黏附在犁曲面、犁刀及限深轮上的积泥和缠草。在耕翻绿肥田及秸秆还田的田块时，更需经常清理。

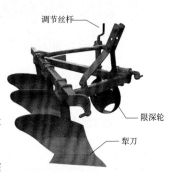

调节丝杆

限深轮

犁刀

2）每班工作结束后，应检查所有螺栓紧固情况，松动紧固件必须拧紧。

3）对犁刀、限深轮及调节丝杆等需要润滑处，每天注润滑脂1~2次。

4）定期检查犁铧、犁壁、犁侧板等易损件的磨损情况，超过规定的应修理或更换。

5）每季度工作结束后，应进行一次全面检查，修复或更换磨损和变形的零部件。

6）长期停放时，应将整台犁铧清洗干净，犁曲面应涂上防锈油，停放在地势较高无积水的地方，并覆盖防雨物。有条件的地方，应将犁存放在棚下或机具库内。

 2.铧式犁的使用注意事项

1）犁铧工作时，需检修应停车进行。

2）犁铧工作时，犁架上严禁坐人。如遇犁体重量轻，入土性能不好，需加配重时，配重应紧固在犁架上。

3）犁在地头转弯时，应先将犁升起。

4）在地块转移或过田埂时，都应慢速行驶，如拖拉机带悬挂犁长途运输时，应将犁升到最高位置，并将升降手柄固定好，下拉杆限位链条应收紧，以减少悬挂犁的摆动。

5）悬挂犁运输时，还应缩短上拉杆，使第一铧犁尖距离地面应有25厘米以上的间隙，以防铧尖碰坏。

 3.铧式犁的故障排除

铧式犁的故障排除表

故障现象	故障原因	排除方法
犁不入土	犁铧刃口过度磨损	修理或更换新犁铧
	犁身太轻	在犁架上加配重
	土质过硬	更换新犁铧，调节入土角和加配重
	限深轮没有升起	将限深轮调到规定耕深
	上拉杆长度调节不当	重新调整使犁有一个入土角
	下拉杆限动链拉得过紧	放松链条
	犁柱严重变形	校正或更换犁柱
	上拉杆位置安装不当	重新安装
犁耕阻力大	犁铧磨钝	修理或更换
	耕深过大	调整升降手柄或用限深轮减少耕深
	犁架偏斜	调整两侧限位链
	犁柱变形犁在歪斜状态下工作	校正或更换犁柱
沟底不平耕深不一致	犁架不平	将犁架调平
	犁铧严重磨损	修理或更换
	犁柱或犁架变形	修理或更换
犁入土过深	液压系统力调节机构失灵	检修调整
	没有安装限深轮	换用带有限深轮的犁或加装限深轮
	上拉杆位置安装不当	重新安装及调整
重耕或漏耕	犁架因偏牵引歪斜	调节悬挂轴
	犁体前后距离安装不当	重新安装
	犁柱变形	修理或更换

碾米机安全操作与维护事项有哪些?

 1.安全操作注意事项

1)原粮加工以前必须经过清选,防止杂物进入机器后造成损坏。

2)开始加工以前,首先检查碾米机各连接紧固件是否牢固,特别注意三角铁螺栓头有无磨损,如有应立即调换,否则三角铁不能固定,落入机内使机器损坏。检查各调节件和转动件是否灵活可靠,有无碰撞现象,调好后关闭大刀门和开放小刀门。

3)轴承中应定期加足润滑油。当调换辊筒、三角铁及米筛时,要检查润滑油是否足够和清洁。

4)操作中要注意安全,工作时不要靠近皮带轮,皮带轮处应加装防护罩,防止发生工伤事故。

5)在无负荷状态下开动动力机,运转正常后,逐渐打开大刀门,调节到正常以后,观察出米口小刀门的开度和米刀与辊筒的间隙。

 2.维护注意事项

1)碾米机加工的稻谷,要保持一定的干燥度,一般含水率不能大于 14%～15%。稻谷含水率过高时,米粒破碎大,影响稻米质量,而且消耗动力也随着增大。

2)要注意检查稻谷中是否有钉子、石块等杂物,以免进入碾白室引起堵塞或损坏米筛。

3)开机前应对米筛、米刀、滚筒芯等机件进行检查,看螺栓、螺母是否拧紧。

4)开机前转动滚筒,查看是否有塞卡。

5)开机时先空负荷运转到正常转速,再将稻谷倒入加料斗,并随时注意碾米机运转情况。

6)每天工作完后,对碾米机及配套设施进行一次检查,发现问题及时处理,确保碾米机经常处于完好状态。

安全使用电动农机具应注意哪些事项？

1)电动农机具的金属外壳必须有可靠的接地装置或临时接地装置，以避免触电事故的发生。

2)移动电动农机具时,必须事先关掉电源,千万不可带电移动。

3）电动农机具的供电线路必须按照用电规则安装,严禁乱拉乱接。

4)电动农机具发生故障需断电检修,不能带电作业。

5)使用单相电动机的农机具,要安装低压触电保安器,并经常保持其灵敏可靠。

6)长期未用或受潮的农机具,在投入正常作用前应进行试运转。如果通电后不运转,必须立即拉闸断电。

7）农机具操作人员要加强安全防范意识,严格执行操作规程。在操作时,应穿绝缘鞋,不要用手和湿布揩擦电器设备,不要在电线上悬挂衣物。

8)一旦发生电器火灾,要立即拉闸,不要在拉闸停电之前就泼水救火,以防传电、漏电。如果有人触电也要立即切断电源再救人。

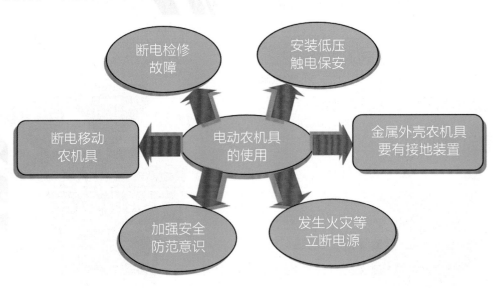

使用地膜覆盖机应注意哪些事项?

要使用好地膜覆盖机,除搞好整地、作畦、选膜、试铺等准备工作外,还应注意以下几个方面。

1)铺膜机组进地后,应与待铺垄(畦)的中心线对正,将地膜用手向后拉出 0.5~1 米,并用土压牢端头与两侧,再将压膜轮压在地面两边,即可进行正式作业。

2)机组作业中要匀速、直线行驶。用畜力牵引的铺膜机,应由专人牵好牲畜,以保证铺膜质量。

3)作业中,辅助人员要经常检查开沟、起垄、喷药、铺膜、压膜、覆土、打孔、播种等作业质量,一旦发现问题,立即停机检查。

4)机组在地头转弯时,留足地头的地膜用量,剪断后,再人工补种、补铺,然后压牢。

5)铺膜后,在膜上每间隔 2~3 米压上少量土壤,打好腰带,以防大风刮膜。

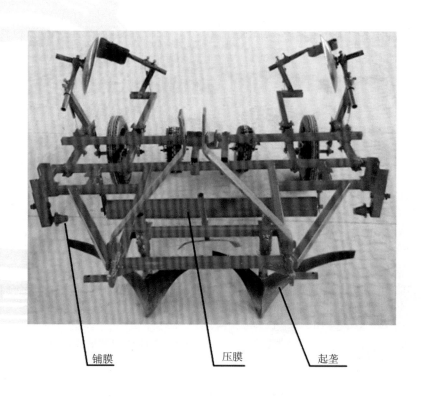

铺膜　　　　压膜　　　　起垄

播种机作业应注意哪些事项和安全规则?

 1.注意事项

播种前，应把种子和肥料放在地头适应位置，以节省加种上肥的时间，提高作业效率。

1)播第一趟时，应选择好开播地点(一般在一块地边)，要在驾驶员的视线范围内插好标杆或找好标志，力求开直，便于以后用机械进行中耕作业。播种的行走路线，一般采用棱形播法。

2)播种时，应经常观察排种器、排肥器和传动机构的工作情况，如果发生故障，应立即停车排除，以免断条、缺苗。

3)经常观察和检查开沟器、覆土器、镇压器的工作情况，如开沟器和覆土器是否缠草和壅土，开沟深度是否一致和合适，以及种子覆土是否良好等。

4)地头或田间停车时，为了不留地头和出现缺苗、断条现象，应将播种机或开沟器升起，后退一定距离，再继续进行播种。下落播种机时应在拖拉机缓慢前进时落下。

5)播完一种作物，要认真清理种子箱，严防种子混杂。

6)化学肥料多数对金属有腐蚀作用，因此，肥箱在使用后应及时清理，以免锈蚀。

 2.安全规则

1)严禁在播种作业时进行调整、修理和润滑工作。

2)带有座位或踏板的悬挂播种机，在作业时可以站人或坐人，但升起、转弯或运输时禁止站人或坐人。

3)开沟器入土后不准倒退或急转弯，以免损坏机器。

4)不准在左右划印器下站人和在机组前来回走动，以免发生人身事故。

5)工作部件和传动部件黏土或缠草过多时，必须停车清理，严禁在作业中用手清理。

6)播拌药种子时，工作人员应戴风镜、口罩与手套等防护用具。播后剩余种子要妥善处理，严禁食用，以防人畜中毒。

7)夜间播种必须有良好的照明设备。

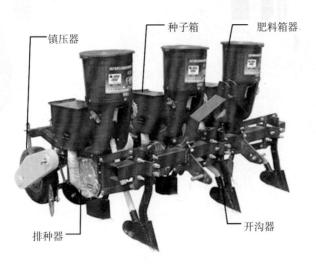

镇压器　种子箱　肥料箱器
排种器　开沟器

怎样正确调整液压双向翻转犁？

为方便广大农机户正确使用液压双向翻转犁，解决用户在使用中的困难，现以 1LF-435 型液压双向翻转犁为例，介绍使用过程中的一些调整方法。

1）拖拉机轮距必须与犁的总耕宽相适应。

2）正确的悬挂方法。在耕作前，1LF-435 型液压双向翻转犁为三点式悬挂，先将下升降臂安装在犁的两个下拉耳后，再挂中央拉杆（纵向拉杆），要注意把犁的中央拉杆与前进方向一致，牵引线通过犁的阻力中心。方法是调整两升降臂与拖拉机大轮胎内侧尺寸对称、相等，然后旋紧两侧限位拉链螺母，防止在犁地时，犁左右摆动出现合垄不严的现象。

3）调整中央拉杆。在调整前，先从地边犁耕一趟（作业速度以 5～7 千米 / 小时为宜），返回时，拖拉机一侧轮胎走犁沟后进行调整。如果前

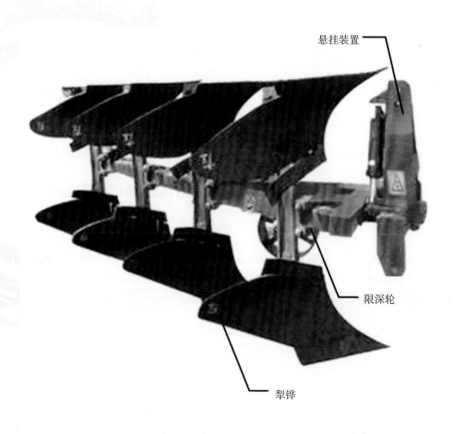

悬挂装置

限深轮

犁铧

铧浅，后铧深，就收紧中央拉杆，反之就放松中央拉杆，使犁架前后保持平行。

4)耕深的调整。1LF-435型液压双向翻转犁的耕深为范围为20～30厘米。测量时，清净沟底用一直木条与未耕地面平行，然后用直尺垂直测量。如果耕深浅，调整限深轮固定板限位支座螺栓，缩短螺栓，使限深轮向后倾斜，使犁架降低，达到增加深度的目的。如果耕深太深，超过30厘米，用同样的方法，旋长支座螺栓，使限深轮向前倾斜，使犁架升高，起到耕浅的目的。要注意的是一面长度调整合适后，要把另一面的螺栓也调整到同样的长度。另外，还可以调整固定板上的左右支座，使其上下移动，来调整限深轮的深浅。

5)犁架限位板螺栓的调整方法。犁的悬挂架横梁两侧面的限位板调整螺栓用来调整犁架左右平衡。在犁地时，以地平面为参照物，观察犁架是否平行，如果不平行，可通过旋紧或者旋松调整螺栓来调整犁架平行度。

要注意的是，调整好一面后，对另一面也要用同样的方法进行调整，才能达到左翻右翻耕深

一致的效果。在未耕作时，犁架不平行，有一定斜度是正常的。

6)犁铧入土难的调整。首先检查拖拉机和犁的挂接(连接点)是否太高，如果过高需降到犁铲入土合适深度，再适当缩短中央拉杆长度，以便增加犁铲入土角度。还可以将限深轮的位置向后移动，从第二根犁柱相对应的位置移到第二根犁与第三根犁柱之间的位置。另外，犁铧刃厚度超过3毫米要进行锻打或者磨刃，不然也不易入土。

7)拖拉机耕作时易跑偏的调整。首先调整犁的挂接，使三点式悬挂在拖拉机的正中心，并保证两升降臂与拖拉机大轮胎内侧尺寸一致。再调整犁架上各犁柱的间距，达到要求的统一尺寸。1LF-435型两相邻犁柱的间距为35～37厘米。

另外，可检查拖拉机的后轮胎内侧尺寸与前轮胎内侧尺寸是否一致，如果有偏差，可调整前轮胎尺寸，使其达到一致，可减轻耕作时跑偏现象。

植保机械的使用应注意哪些问题？

 1.机具的准备

1)根据防治对象和喷雾作业的要求,正确选择喷雾机(器)的类型、喷头的种类和喷孔的尺寸。如大田防治病虫害时,选择液力式喷雾机,圆锥雾喷头。除草时应选用喷杆式喷雾机,扇形喷雾头。果树、人行道树应选用喷枪、高压、液力喷雾机,或风送式喷雾机。

2)作业前要检查机具,做到各部分流畅不漏,开关灵活,雾化良好,各部分均处于良好的技术状态。

3)按正常工作时的喷雾压力和确定的喷头喷雾,测量各个喷头的流量(升/分),总流量等于各喷头流量之和。

4)试喷。检查是否能正常工作。

 2.喷雾作业

1)机组行走速度的计算。根据农业技术的要求,机组的行走速度 V 按下式计算:

V=40×喷头流量(升/分钟)/喷幅[米×每亩施药量(升/分钟]

行驶速度一经确定,不得任意改变,这是保证喷施效果的重要参数。

2)喷头离靶标的高度根据所用的喷头确定喷头离靶标高度。

3)行走方法。一般采用梭形方法,并注意相邻工作幅宽的衔接。

4)作业中的安全技术。应穿戴安全保护用品;工作中禁止吃喝,工作完毕应彻底洗净后,才能进食;作业中应注意风向的变化;加药时注意飞溅;药液容器要及时处理好,不能随地乱扔。

中耕机械的安全操作及注意事项有哪些？

 1.安装、使用、调整

根据不同用途配装不同部件，以完成除草、起垄、深松、施肥等作业。

 2.中耕机的保养与保管

1)及时清除工作部件上的泥土、缠草，检查是否完好；

2)润滑部位要及时加注黄油；

3)各班作业后，全面检查各部位螺栓是否松动；

4)施肥作业完成后，要彻底清除各部黏附的肥料；

5)工作前检查传动链条是否传动灵活；

6)每班作业后，应检查零部件是否有变形、裂纹等，及时修复或更换；

7)作业结束后要妥善保管。

 3.中耕作业安全技术

1)使用机具前要详细阅读说明书；

2)工作部件要边走边下落入土，工作部件完全出土后方可转弯；

3)部件黏土过多或缠草时，要停车清理；

4)发生故障要停车修理。

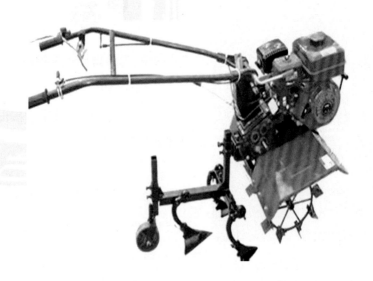

安全操作联合收割机有哪些要求？

1）收割机作业前，须对道路、田间进行勘查，对危险地段和障碍物应设明显的标记。

2）对收割机进行保养、检修、排除故障时，必须切断动力并在发动机熄火后进行；在收割台下进行机械保养或检修时，须提升收割台，并用安全托架或垫块支撑稳固，确认安全后再进行；夜间保养机械或加燃油时严禁使用明火照明。

3）卸粮时，人不准进入粮仓，不准用铁器等工具伸入粮仓，接粮人员不准把手伸进出粮口。

4）地块转移时将收割台提升到最高位置予以锁定，严禁用收割台搬运货物。

5）随时检查接粮人员的座位和靠背是否牢固可靠。

如何正确安全操作磨粉机？

1)加工物料必须经过筛和水选，以防损坏磨辊。

2)启动后，待机器达到正常运转时，才允许均匀连续地喂入谷物。

3)用手慢慢打开闸扳，不能一下全开，以免物料堵塞通道。

4)操作人员的衣服、衣袖应扎紧，戴上口罩和工作帽。

5)加工粮食应先遵循先粗后细的原则逐渐调节磨片间隙，反复加工 2～3 次成细粉。

6)加工小麦时，第一次打开 1/3 闸扳，第二次全开。

7)喂料结束时，应立即将轧距调节丝杆退回到磨辊完全脱开位置，以免磨辊直接接触造成过快磨损，待机器运转一段时间，将物料排空后停车，再将进料闸扳关死。

怎样正确使用小型电动脱粒机？

目前，小型电动脱粒机的应用相当普遍，但不少用户因不善调试，脱粒质量欠佳。现将其使用要点介绍如下。

1)调整滚筒钉齿与凹板筛横隔条间的间隙（即凹板筛间隙）。该间隙如偏大，则脱粒不净，脱粒后的秸秆里夹杂有大量的禾穗、谷粒；如间隙太小，则破碎增多。故应通过调节板筛螺丝，使间隙均匀一致。凹板筛的进口间隙一般为8～10毫米，出口间隙为5～7毫米。调整好紧固螺母后，转动滚筒应灵活顺畅，不可有阻滞现象。

2)随时检查皮带松紧度。皮带过紧易引起过热烧坏，过松则易打滑而使减速无力，脱粒不净，且皮带易老化断裂，应注意随时检查更换。

3)高度警惕用电伤人。移动或安装脱粒机要请专业人员指导，作业前，细心检查所有电路接头，绝缘是否安全可靠；电机须接地；绕组和外壳之间的绝缘电阻不能低于0.5兆欧，供电线路的材质规格要和有关标准吻合；闸刀开关外壳若有残缺或线路老化，应及时更换，不可继续使用；电动脱粒机切忌在潮湿的田间作业，否则，随时可能引发触电危机。

4)安全脱粒技巧。投入运行前，对脱粒机做一全面的检查，包括其转动是否自如、螺栓是否缺损或松动；喂入作物前，先彻底清除夹杂在秸秆间的异物，确认机组运转完全正常后再喂入；喂入一定要做到均匀、整齐、适量、连续不断；喂入受阻时，千万不可强行推入；连续工作3~4小时后须停机休整，并检查紧固螺栓、皮带松紧度和加注润滑油等。

操作玉米脱粒机应注意哪些事项?

玉米脱粒机具有自动化高、安全性强、操作简便、能耗低等特点,让更多的农民朋友从繁重的玉米体力劳动中解脱了出来,深受广大农民朋友的欢迎。在使用玉米脱粒机的过程中应注意以下事项:

1)由于脱粒机工作环境非常恶劣,因此事先要对参加作业的人员进行安全操作教育,使其明白操作规程和安全常识,如衣袖要扎紧、应戴口罩和防护眼镜等。

2)使用前必须认真检查转动部位是否灵活无碰撞,调节机构是否正常,安全设施是否齐全有效;要确保机内无杂物,各润滑部位要加注润滑油。

3)开机前应清理作业场地,不得放一些与脱粒无关的杂物;要禁止儿童在场地边上玩耍,以免发生事故。

4)工作时玉米棒喂入要均匀,严防石块、木棍和其他硬物喂入机内。

5)传动皮带的接头要牢固,严禁在机器运转时摘挂皮带或将任何物体接触传动部位。

6)配套动力与脱粒机之间的传动比要符合要求,以免因脱粒机转速过高,振动剧烈,使零件损坏或紧固件松动而引发人身伤害事故。

7)不能连续作业时间过长,一般工作8小时左右要停机检查、调整和润滑,以防摩擦严重导致磨损、发热或变形。

8)脱粒机用柴油机作动力时,应在排气管上戴防火罩,防止火灾。

9)脱粒机在作业过程中如出故障,应停机后再进行维修和调整。

如何正确安全地使用榨油机?

1.榨油机的选购

一台好的榨油机能使用户在油料加工中免去不少麻烦。选择的机型可以加工菜籽、黄豆、花生、棉籽、茶籽等颗粒状油料。购机时首先看机器的外表油漆是否均匀,检查机器的零部件是否缺少,再用手转动大皮带轮,使它多转动几圈,以检查榨膛内是否有铁块等异物,有无卡住现象,同

螺旋榨油机

全自动温控榨油机

时注意齿轮箱内齿轮啮合是否正常。

2.榨油机的正确安装

安装前,应对新购的榨油机进行彻底清理。抽出主轴,卸去上榨笼,用砂纸将榨螺外表面、内表面和螺旋喂料器打磨光洁。对所有润滑部位加注润滑脂,齿轮箱中所加的润滑油,其品种和牌号应符合说明书上的要求。圆排打磨光洁后,在装机时必须按原来的位置排列,不能错位,因为圆排的排列位置和顺序对榨油性能关系极大。圆排装机后用压紧螺母压紧,压紧程度以圆盘在榨油时能蠕动为宜。榨油机经过以上处理后,就可用地脚螺栓将其固定在基础上。在安装时,电动机的皮带轮应和榨油机皮带轮对齐,位置适度,旋转方向正确,传动带的松紧度应调整适当。

3.榨油机的安全使用

使用榨油机之前,首先应准备好全部辅助器具和容器,检查并调整传动带松紧程度。然后开动电动机,使机器空运转 15 分钟左右,检查榨螺轴的转速。一般转速应在 33 转 / 分钟左右。空转时要注意齿轮箱内齿轮的啮合情况及声音是否正常,各轴承部位和电机是否正常。榨油机空转时,电动机电流应为 3 安培左右。如电流过高,应立即停车检查,调整后再开机。

空载正常后,备好 50 千克左右的菜籽或黄豆,准备投入进料斗。注意开始压榨时进料不能

太快,否则榨膛内压力突然增加,榨螺轴转不动,造成榨膛堵塞,甚至使榨笼破裂,发生重大事故。因此开始压榨时,进料应均匀缓慢地投入进料斗,使榨油机进行跑合。如此反复多次,持续3~4小时以上,使榨油机温度逐渐升高,甚至冒青烟(这是正常现象)。开始压榨时榨膛温度低,可缓慢拧动,调节螺柱上的手柄,加大出饼厚度,同时提高入榨胚料的水分,待榨膛温度升至90℃左右,榨油机正常运转后,可将出饼厚度调至1.5~2.5毫米,并将紧固螺母旋紧。

导热油锅

榨油机正常运转后,含油量高的油料出油大多集中在条排和前组圆排处。条排处的出油约占总出油量的60%,前组圆排处约占30%;而末端排出油则很少,成滴不成线,油色很清。反复榨二三次即可将菜籽或黄豆的油榨尽,在这期间可将含油较多的油渣均匀地掺入料胚中压榨,下料时要保持均匀,切忌忽多忽少,否则将影响榨油机的寿命和出油率。

运转过程中要经常检查榨油机的出饼情况,并控制胚料的水分既不过高也不过低。正常的出饼应呈片状,靠榨螺轴一面光滑,另一面有很多毛纹。如出饼疏松无力,或出饼不成形,色泽较深,用手一捏即成碎块,这说明胚料加水太少;如出饼发软,成大片状,或出油泡沫增多,则说明加水太多。正常情况下,圆排之间不出渣或很少出渣,在条排处出渣,如出渣呈细片状说明水分多,出粉渣则说明水分少。此外,以出油位置变化可看出入榨水分是否合适,当入榨水分过高或过低时,出油位置均向后移。

4.满足预处理工序要求

料胚入榨前,必须经过预处理工序,预处理质量将直接影响榨油机正常工作和出油率。不同油料有不同的预处理工序要求,但主要包括下述几项:

1)清理。进入加工厂的油料含有一定的杂质(泥沙、石子、铁屑等),若不仔细清选,会加速榨油机内部机件的磨损,降低出油率,甚至造成故障和事故。与其配套的设备有:清理筛、去石机、磁选机等。

2)剥壳。对于带壳的油料,应剥壳后再压榨,这样可以提高生产能力和出油率。与其配套的设备有:剥壳机、分离筛、分离机等。

3)破碎。某些油脂可以整料入榨,但经过破碎、轧胚后再压榨,可明显提高出油率。与其配套的设备有:破碎机、轧胚机等。

4)蒸炒。蒸炒是提高出油率的重要环节,常用的方法是先将油料润湿,然后再经炒锅干燥,使油料达到工艺要求的入榨水分和温度,与其配套的设备有:蒸炒锅、炒籽锅。

如何正确安装和使用铡草机？

小型铡草机是直接用来铡切青、干玉米秸秆、小麦秸秆、稻草及其他畜牧用饲草的，它同时还可以用于农业生态建设的秸秆还田工程。然而，由于部分操作者不会正确使用与维护，在作业过程中产生了不少的问题。本节以 9Z-2.0 型铡草机为例，谈谈常用铡草机正确安装和使用。

 1.正确安装

1)安装前应确定与之配套的动力(单缸小型柴油机、电动机或小四轮拖拉机)。根据《产品使用说明书》的要求，正确选择配套动力的功率和传动方式。

2)检查动力机的带轮直径是否与铡草机带轮直径匹配，要保证铡草机的转速符合规定。

3)若选用小型柴油机作为动力，应将其固定在混凝土地面上。并能够前后调整位置，以张紧传动带。

4)当选用小四轮拖拉机作为动力时，应先卸下拖拉机的传动带防护罩和铡草机出草口端

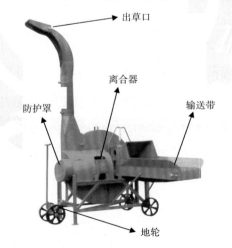

出草口
离合器
防护罩
输送带
地轮

的两个地脚轮，使拖拉机中央拉杆与铡草机机架中部的销轴连接，两侧悬挂架挂接在两个地脚轮轴上，装好插销，然后利用中央拉杆的铰链将 V 带调整到松紧合适。

5)若选用电动机作为动力，应利用万能电机座来进行调整，使电机轴与铡草机轴平行、两带轮中轴线对正。主轴的转向应和机壳上箭头所示方向一致。此外，应在加工场地附近设置电动机电源的控制闸刀，以便随时接通或切断电源。

5)铡草机安装要平稳，防护罩应装好。此外，出草口应与自然风向保持一致。如机器不便于移动，可通过移动出草口来实现。

 2.使用操作

根据所要求铡切的草料长度，选择传动轴上的小齿轮和下喂入辊上的大齿轮的齿数。根据所铡切的草料不同，调整定刀片与动刀片的间隙。一般来说，在铡切茎秆直径较粗或坚而脆的草料时，刀片间隙可以大些；在铡切软而韧的草料时，刀片间隙可以小些。例如：在铡切青玉米秸时，刀片间隙可大于 0.3 毫米，在铡切稻草时，刀片间隙可小于或等于 0.2 毫米。同时，在工作中若发现铡切出来的长草较多，则必须将刀片间隙减小，以保证铡草质量。在工作过程中，操作人员的手不得进入压草辊，以防发生事故。如发生草料堵塞时，应立即使离合器分开，拉闸停车，排除故障。严禁机器开动时，用手去拉动堵塞的草料。喂入的草料中不得混有铁块和石块等硬物，否则容易发生安全事故。

安全使用小四轮拖拉机应注意哪些事项？

1.少装传动皮带

小四轮拖拉机装有三根三角传动皮带,有的机手只能装一根或两根而顶三根使用。拖拉机在作业时负荷增大,使得传动皮带严重打滑,不仅传动效率降低,输出功率下降,并使皮带发热脱层、变形和磨损加快,因此不要使传动皮带缺根工作。

2.长期不清洗冷却系

拖拉机水箱口向上敞开,使用和停放时会落入灰尘,有时加入不清洁的硬水,水中的杂质又会沉淀下去,灰尘和杂质越积越多,会形成水垢堵塞水道,影响发动机的散热,使机车温度升高,机油变稀,润滑性能变差,加速各运动副的磨损,还使零部件膨胀,影响其技术性能、功率下降,严重时还会造成烧瓦、抱轴和粘缸等事故。

3.随意改装

一些驾驶员随意改装部件,破坏了原车的机械性能。如一些驾驶员为了提高行驶速度,加大主动皮带轮直径,这样会造成如下危害:①加大皮带轮后,改变了传动比,离合器转速增高,工作中当发动机转速改变时,使冲击载荷增加,扭转振动增大,缩短了离合器各零件的使用寿命;②皮带与轮的接触面积增大,易使皮带拉断和加速皮带损坏;③由于行驶速度增高,使牵引力减小,

运输爬坡时易出现危险,同时使机车负荷加重,温度升高,润滑油变稀,油膜难以形成,加速发动机曲柄连杆机构及各运动件的磨损;④破坏了拖拉机的操纵性和稳定性,易造成因制动不灵和制动系统零部件的早期磨损。

4.严重超载

有些驾驶员,在运输作业时随意超载,使机车长时间超负荷作业,其危害为:①机车超载后,发动机、传动系统和行走部分的零件受力加大,机车温度升高,润滑油变稀,润滑性能下降;②当遇到紧急情况时,不能在有效距离内实现停车,使制动距离拉长,容易酿成事故;③油耗增加,排气管冒黑烟,燃烧室容易积炭,加速活塞和缸筒的磨损。

5.牵引启动

有的机手用拖拉机牵引启动,由于变速箱和油底壳内的润滑油黏度大,机车的运动阻力也随着增大,当离合器快结合时,变速箱齿轮受到冲击载荷的作用,经常采用这种方法,会使齿轮由于疲劳产生轮齿折断故障,严禁在冷天采用这种方法启动机车。

如何选购饲料粉碎机?
饲料粉碎机的安全性有哪些要求?

1.选购

1)对辊式粉碎机。是一种利用一对做相对旋转的圆柱体磨辊来锯切、研磨饲料的机械,具有生产率高、消耗功率低、调节方便等优点,多用于小麦制粉业。在饲料加工行业,一般用于二次粉碎作业的第一道工序。

对辊式粉碎机

2)锤片式饲料粉碎机。是一种利用高速旋转的锤片来击碎饲料的机械。它具有结构简单、通用性强、生产率高和使用安全等特点,常用的

风送式锤片饲料粉碎机

有 9F-45 型、9FQ-50 型和 9FQ-50B 型等。

3)齿爪式饲料粉碎机。是一种利用高速旋转的齿爪来击碎饲料的机械,具有体积小、重量轻、产品粒度细、工作转速高等优点。常用的有

齿爪式饲料粉碎机

FFC-I5 型、FFC-23 型和 FFC-45 型等。

选购时,应根据作业项目、生产量先选定机型,再根据制造质量、销售价格、零配件供应情况选定具体产品。挑选时,先做外观检查,最后检查附件、说明书、合格证是否齐全。

2.安全要求

1)粉碎机必须固定安装,而粉碎机皮带轮与动力机皮带轮的轴线应平行,两传动皮带轮槽必须在同一条直线上,否则,不但加速机件的损坏,而且容易掉皮带。

套作业；送料时应站在粉碎机侧面，以防反弹杂物击伤面部；粉碎长茎秆作物时，手不可捏紧，以防手被作物反拉而击伤。

7）入料应遵循"均匀下料，少量快加"的原则，即由少到多，直至负荷正常，并保持连续和均匀，防止"塞车"。

8）如果入料口出现卡堵现象，不得用木棒和铁棒捅，防止棍棒带入机内或者弹出伤人，更

不允许把手伸进入料口拨料，可以用较硬的茎秆将原料推入粉碎室中。

9）密切注意运转情况，若发现振动、异响、堵塞或向外喷料，应立即停机检查排除，严禁未停机即用木棍或手强行喂入或拉出物料，以免击伤手臂或打坏机器。

10）严禁在粉碎机运转时打开机门；皮带传动应设置防护装置；禁止长时间超负荷作业；各种工具不得随意放在粉碎机上和物料上，以免掉入机器内；工作场所禁止吸烟，注意防水和防潮。

11）自制集粉袋宜采用透气性好的布料，长度不短于1.5米。如果集粉袋不透气或过短，有可能造成进料口反喷。

12）停机前应先停止送料，待机内物料排净后再停机，作业结束后应及时除尘润滑。

2）如果需要改制皮带轮，必须经过计算而满足粉碎机主轴转速的需要。不可随意提高主轴转速，当超过转速额定值15%时，将引起机器剧烈震动。

3）要事先对原料进行认真的清理，必要时过筛或挑选，防止铁件、石块等进入机内。

4）每次使用之前，都要打开粉碎机盖，检查机内各部位有无损坏，特别是转子上的开口销是否完好，连接是否松动。当确认完好无损后，再关牢机盖，拧进机门上的手轮。用手拖动皮带，检查运动部分是否灵活，有无异响和卡碰等现象。

5）机器启动后，需空转2~3分钟，待运转正常以后才逐渐加料。

6）操作者应扎紧袖口，佩戴口罩，严禁戴手

如何正确操作大马力轮式拖拉机？

1）禁止起步猛抬离合器应缓慢地松开离合器踏板,同时适当加大油门行驶。否则会造成离合器总成及传动件的冲击,甚至损坏。

2）副离合器不能长期拉起(分离),否则会引起离合器早期损坏。应引起注意。

3）拖拉机严禁挂空挡或踏下离合器踏板滑行下坡。

4）拖拉机转向时应减小油门或换到低挡位

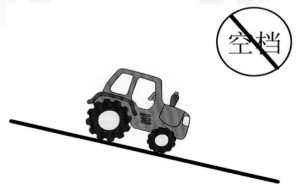

时,切不可使用单边制动做急转弯。

5）正确选择拖拉机工作速度,不但可以获得最佳生产率和经济性,并可以延长拖拉机使用寿命。拖拉机工作时,不应经常超负荷,要使发动

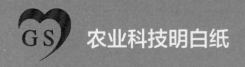

机具有一定的功率储备。拖拉机田间工作速度的选择应使发动机处于80%左右负荷下工作为宜。

6)拖拉机差速锁的使用。拖拉机工作时,差速锁一般保持分离状态。当拖拉机后轮单边打滑严重时（或陷入坑中时）,应踏下差速锁控制踏板,并保持在这个位置,使差速锁结合,使拖拉机驶出打滑地段。当差速锁处于接合状态时,拖拉机不能转弯行驶,否则将引起轮胎异常磨损,损坏差速器,甚至发生翻车。

7)拖拉机的制动。一般情况下,应先减小发动机油门,再踩下主离合器踏板,然后逐渐踩下行驶制动器操纵踏板,使拖拉机平稳停住。紧急制动时,应同时踩下主离合器踏板和行驶制动器操纵踏板。行进中,不允许驾驶员将脚放在制动器踏板或离合器踏板上。特别提醒:拖拉机在道路上行驶时,一定要把左右制动器踏板联锁起来。拖拉机在坡上停车,应等发动机熄火后,松开行驶制动踏板前先挂上挡,上坡时挂前进挡,下坡时挂倒挡。

8)前轮驱动的操纵。当拖拉机进行田间重负荷作业,或在潮湿松软土壤上作业时,通常挂接前驱动桥工作,拖拉机在硬路面做一般的运输作业时,不允许接合前驱动桥,否则将会加剧前轮磨损。

9)液压输出阀及其操纵。拖拉机上装有单作用或双作用液压输出阀,操纵液压输出阀操纵手柄控制农具上的单作用或双作用油缸。拖拉机出厂前液压输出阀调整为双作用,如果需要配套单作用农具时,用户可调整为单作用液压输出。

10)拖拉机用油要求:①根据不同的环境、季节选择不同牌号的柴油,严禁不同牌号的柴油混用;②加入油箱的燃油、传动液压两用油必须经过过滤或至少48小时沉淀后,才能加入使用;③发动机运转中,切不可给燃油箱加油,如果拖拉机在炎热气候下工作,油箱不能加满油,否则燃油会因膨胀而溢出,一旦溢出要立即擦干。

手扶拖拉机操作的两大安全问题是什么?

手扶拖拉机具有重量轻,机型小巧,操作灵活、适应性强等优点,配上不同的农机具,可进行犁耕、旋耕、平整、碎土等多种田间作业,配上拖车,还可进行短途运输。田间作业时,由于车速较慢,一般不易发生事故,而从事道路运输时,则应特别注意转向和连接两个方面的安全问题。

注意转向的问题。一是起步时尽量不转向;二是在平路或上坡路行驶,需要向某侧转向时,握紧该侧的转向手把,该侧转向离合器分离,切断该侧的驱动力,该侧车轮的转速低于另一侧车轮的转速,拖拉机就能实现顺利转向;三是下坡时的转向问题,需要向某侧转向时,则应握紧另一侧的转向手把,称之为"反转向";四是减油门降速转向时的情况与下坡时基本相似,应尽量避免转向。

注意连接的问题。在车辆的使用过程中要时常检查连接是否牢固、可靠。在道路运输过程中,如连接不牢固或连接销套出现焊缝裂纹等现象,则应及时修复,避免连接销掉落或连接销套断裂,造成车头与车斗分离。

手扶拖拉机

配上农机具的手扶拖拉机

连接处

如何安全操作推土机？

推土机在施工作业操作过程中应注意以下几点：

1）依照作业的项目（如平整土地、挖土造湖、移山填沟等）、范围、地形地貌等，精心设计选择最合理的作业方法和行走路线，力求操作时少空行、少拉操纵杆、直驶正推。推土作业不能在危险的地方进行，不可强行通过泥水沟、坝埂，以防陷车，坡度大于 20° 的地方不能作业。

2）推土时，机身先要停稳摆平，轻放铲刀，要根据土质情况，选择适当速度，防止超负荷作业。遇有大石块或树根时，要用人工清除，切不可用推土机冲击。

3）推土作业时，严禁在"压降"（铲刀入土）过程中作急剧转弯。以免损坏铲刀和梁架，造成油缸支架弯曲断裂。作业中必须在推土铲完全升起后机车方可转弯行驶。

4）当铲刀升起时，不要在铲刀下观察和修

图 554-1　推土机

图 554-2　推土机铲刀

理。如需修理，应将铲刀支撑牢靠，空行时要低速行驶。

5）不要长时间把推土机的分配器手柄放到"上升"或"下降"位置，以免液压胶管爆裂。液压胶管不要沾污燃油及酸碱物品，以防止腐蚀变质老化。

6）推土机常年在荒野秃岭、地面坚硬、地形复杂的险恶环境中，在超短距离非常频繁地进退中，在大负荷状态中，艰难地作业，极易造成拖拉机底盘和推土铲各零部件的早期磨损、变形、损坏、紧固件松动等，因此，除正确操作外，对上述部件的检查、保养维护不能有丝毫疏忽。推土铲刀口要保持锋利，其一面磨钝后可换面使用，两面皆严重磨损，可堆焊磨刀，或干脆换新。

如何正确使用电动卷帘机？

1.电动卷帘机使用操作规程和注意事项

1)卷帘前,必须将压草帘的物品移开,雪后应将帘上积雪清扫干净,若雨雪后草帘湿透过重,应先卷直一部分,待草帘适当晾晒后再全程卷起。

2)卷放过程中传动轴和主机上、传动轴下的温室面上和支承架下严禁有人,以防意外事故发生。

3)覆盖材料卷起后,卷帘轴如有弯曲,应将卷帘机放下,并用废草帘加厚滞后部位,直至调直。如出现斜卷现象或卷放不均匀,应及时调整草帘和底绳的松紧度及铺设方向。

4)使用过程中要随时监控卷帘机的运行情况,若有异常声音或现象要及时停机检查并排除,防止机器带病工作。

5)切忌接通电源后离开,造成卷帘机卷到位后还继续工作,从而使卷帘机及整体卷轴因过度卷放而滚落棚后或反卷,造成毁坏损失。

6)温室湿度较大,容易漏电、连电,电动卷帘机必须设置断电闸刀和换向开关,操作完毕须用断电闸刀将电源切断,以防止换向开关出现异常变动或故障而非正常运转造成损失。

中置式移动卷帘机

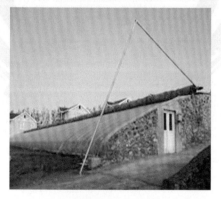

侧置式移动卷帘机

电动卷帘机结构图

2.电动卷帘机的维修保养

1)在使用过程中对卷帘机进行维修保养要注意安全,必须在放至下限位置时进行,应注意先切断电源。确需在温室面上维修时,应当用绳把卷帘轴固定好,严防误送电使卷帘轴滚落伤人。

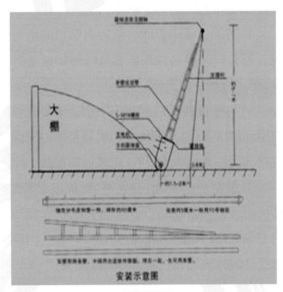

安装示意图

2)使用过程中,要定期检查各部位连接是否可靠,检查时应特别注意主机与上臂及卷帘轴的连接可靠性,各部位连接螺栓每半个月应检查紧固一次。

3)使用过程中应经常检查和补充润滑油,主机润滑油每年更换一次。

4)机器使用完毕,可卷至上限位置,用塑料薄膜封存。如拆下存放要擦拭干净,放在干燥处。卷帘轴与上、下臂在库外存放时,要将其垫离地面0.2米以上,并用防水物盖好,以免锈蚀,并应防止弯曲变形,必要时应重新涂防锈漆。

5)卷帘机在每年使用前应检修并保养一次,检修主要内容包括主机技术状态,卷帘轴与上、下臂有无损伤和弯曲变形,上、下臂铰链轴的磨损程度,卷帘轴及上、下臂与主机的连接可靠性,如发现问题应进行校正、加固、维修。

侧置式移动卷帘机电机与减速器

中置式移动卷帘机电机与减速器

购买农业机械应该注意哪些事项？

1）购机时一定要熟悉所购机具，了解所购机具应具有的必要功能，明确自己的要求。如购机者不熟悉机具，应请熟悉的人陪同或请农机部门的技术人员帮助购机。

2）购买农业机械，应选择产品质量稳定、售后服务好的知名生产企业，产品要有出厂合格证，并贴有"农业机械推广鉴定证章"标志（尤其是购买大型机械）。

3）对购买的农业机械，在提货时应进行检查。首先，检查外观，仔细观察机器是否有碰撞伤，是否存在缺件、少件现象；其次，检查标志是否齐全，有无产品合格证，有无使用说明书，根据装箱清单检查必要的配件是否配齐；最后，自走式农业机械，要按说明书规定进行启动前的检查，检查燃油、机油、润滑油、水是否加的足够，在不带负荷的情况下进行启动，先低速运转，发动机预热后逐渐增加转速；在发动机工作时倾听发

图1 农民购置农机现场一

动机声音是否正常，是否有漏气、漏水、漏油现象；如一切正常，降低转速接通农业机械作业部分，运转检查无异常，再逐渐增加转速，一切正常再挂挡行走试验，确认无异常时可以停机。

4）在购买农业机械时，坚持 "三要三不要"。一要明确要求，货比三家，综合考虑产品价格、质量和服务，千万不要听信一面之词或单凭

图2 农民购置农机现场二

一些广告宣传就糊里糊涂地往外掏钱。切记：偏听偏信往往掉进陷阱。二要索取"一票"、"两证"和"使用说明书"，这是你的权利。千万不要以为自买自用，又不报销。切记，购机发票这是农民购买农机产品的有效凭证，也是你要求三包服务的重要凭证。三要认真阅读产品使用说明书，了解产品性能、保养、维修常识，循规办事。千万不要盲目操作。切记：不按要求使用，产品损坏了，商家不赔，只能自认倒霉。

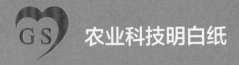

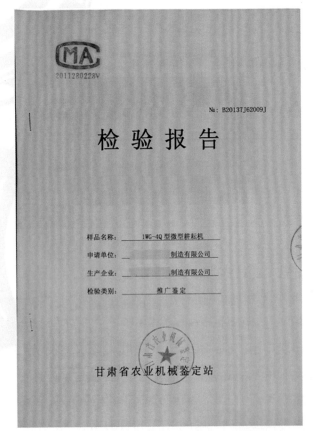

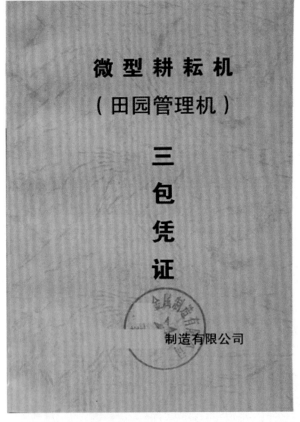

图3　检验报告、三包凭证、说明书、购机发票

购买农机注意查看哪些随机资料？

1)产品生产许可证(见图1)。生产许可证是国家对安全性要求较高的农机产品实行的一项

图1 生产许可证

强制管理措施。目前列入生产许可证管理的农机产品有五大类：泵、机动脱粒机、内燃机、饲料粉碎机、棉花加工机械。由国家颁发的农机产品生产许可证，有效期为5年。

2)农业机械推广鉴定证(章)(见图2)。农业机械推广鉴定证是农业部为维护农户利益而采取的一项管理措施。它分为部级和省级

两种，由生产企业自愿申请。部级推广鉴定证由农业部核发，省级推广鉴定证由省级农机主管部门核发，有效期为4年。

3)产品说明书(见图3)。内容包括农机的适用范围及主要性能特点、主要技术参数、产品执行标准代号、工作原理及特点、使用操作规程、一般故障与排除、安全警示与保养、"三包"责任承诺、随机配件清单等。

4)产品合格证(见图4)。是产品出厂时，经检验人员按国家标准或企业标准

图2 农业机械鉴定证书

图3　产品说明书

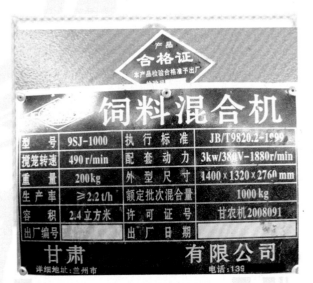

图4　产品合格证铭牌

检验合格,由企业自行颁发的产品合格证明。内容一般有:产品的名称、生产厂名、执行标准代号、检验员号、检验日期等。

5)产品铭牌(见图4)。一般包括产品的名称、型号、外形尺寸、配套动力、生产效率、整机质量、出厂编号、生产日期、执行标准代号、生产许可证编号、厂名、厂址等。

6)"三包"凭证(见图5)。"三包"凭证是产品售出时提供给用户的单据或凭证,是农机使用中出现质量问题或故障后用户要求对其包修、包换、包退的依据。其内容包括产品名称、规格、型号、产品出厂编号、生产企业和维修者名称、地址、电话号码、邮政编码,整机"三包"有效期和主要配件"三包"有效期,修理记录等。

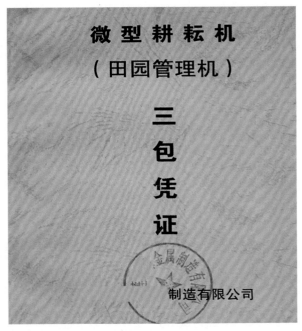

图5　三包凭证

农机产品出现质量问题怎么办？

根据《中华人民共和国消费者权益保护法》第四十、四十一条规定，农机用户因三包责任问题与销售者、生产者、修理者发生纠纷时，可以按照下列途径寻求解决。①可以按照公平、诚实、信用的原则与销售者、生产者、修理者进行协商解决。②协商不能解决的，可以向当地工商行政管理部门、产品质量监督部门或者农业机械化主管部门设立的投诉机构进行投诉。或者依法向消费者权益保护组织等反映情况，当事人要求调解的，可以调解解决。③因三包责任问题协商或调解不成的，农机用户可以依照《中华人民共和国仲裁法》的规定申请仲裁，也可以直接向人民法院起诉。

1.如何与销售者协商解决消费纠纷？

在发生消费纠纷后，农机用户在找销售者协商之前，应向农机质量投诉站咨询或学习《消费者权益保护法》、《产品质量法》、《农业机械产品修理、更换、退货责任规定》(简称《农机"三包"规定》)以及相关法律、法规。搞清楚销售者在哪些方面损害了自身的权益，是维修、更换、还是退货，到底能得到多少赔偿，做到心中有数再去找销售者，诉说所购物品及发现质量问题，并依法提出合理的要求，经过协商达到满意解决。如果协商不成，可寻求其他途径解决。

2.怎样向消费者协会投诉？

农机用户投诉应以事实文字材料为依据。要写清楚投诉人的姓名、地址、邮编、电话，被投诉者的经销单位名称、地址、邮编、电话、所购物品名称、品牌、规格、数量、价格、生产企业名称，受损害事实及交涉经过等内容，并提出自己合理的要求。未经消协同意，不要随意邮寄票证、单据、实物，以防丢失。

3.如何向有关行政主管部门投诉

农机用户权益受到损害后，在"三包"有效期内，直接与销售者协商索赔不成时，可以选择向当地工商行政管理部门、产品质量监督部门或者农业机械化主管部门设立的投诉机构进行投诉，

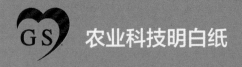
并出示证据,讲述受损害的情况和提出合理的赔偿要求,要求调解解决。

 4.如何向人民法院提起诉讼

如上述途径不能依据法规做出满意的赔偿时,在下列4种情况下,可向当地人民法院提起诉讼:①在与销售者协商不成的情况下;②农机用户对消费者协会调解、已做出的赔偿决定不满意;③销售者拒不执行已做出的调解和赔偿决定时;④农机用户向消费者协会投诉,经协商调解不成的。

 5.换货、退货的条件

1)换货的条件:三包有效期内,送修的农机产品自送修之日起超过30个工作日未修好,农机用户可以选择继续修理或换货。要求换货的,销售者应当凭三包凭证、维护和修理记录、购机发票免费更换同型号同规格的产品。

三包有效期内,农机产品因出现同一严重质量问题,累计修理2次后仍出现同一质量问题无法正常使用的,或农机产品购机的第一个作业季开始30日内,除因易损件外,农机产品因同

一般质量问题累计修理2次后,又出现同一质量问题的,农机用户可以凭三包凭证、维护和修理记录、购机发票,选择更换相关的主要部件或系统,由销售者负责免费更换。

2)退货的条件:三包有效期内或农机产品购机的第一个作业季开始30日内,农机产品经更换主要部件或系统后,又出现相同质量问题,农机用户可以选择换货,由销售者负责免费更换;换货后仍然出现相同质量问题的,农机用户可以选择退货,由销售者负责免费退货。

 6."三包"期的计算

1)"三包"有效期自开具发票之日起计算,扣除因承担"三包"业务的修理者修理占用和无维修配件待修的时间。

2)"三包"有效期内换货的,换货后的"三包"有效期自换货之日起重新计算。

3)主要部件在"三包"有效期内发生故障,更换后的主要部件的"三包"有效期自更换之日起重新计算。

小麦免耕播种机作业注意事项有哪些？

小麦免耕播种机是保护性耕作机械化技术实施过程中应用的一种重要机具，它可以在前茬作物收获之后未经任何耕作的田间进行复式作业，一次性完成灭茬、开沟、施肥、播种、覆土、镇压等多道工序，减少机械对土壤的碾压破坏，省工省时，节肥节油，增产增收，保护环境。为了正确使用小麦免耕播种机，充分发挥它的高效作用，下面以推广较快、应用较多的2BMFS系列小麦免耕播种机为例，介绍一下作业注意事项。

1)机具作业时，站在踏板上的跟机作业人员要扶牢，避免人身伤害。

2)拖拉机熄火后，方可进行检查、维修、调整、保养等工作。

3)机具作业时，凡是有警示标志和链条的地方，不可靠近或用手触摸。

4)机具升降要平稳，避免快升快降，损坏机具。机具未提起时，严禁倒退或转弯。

5)作业前，要进行田间调查，排除障碍物后，方可进行作业。

6)注油、加种、加肥、清理杂物等必须在停

车后进行。加种(肥)前应先检查种(肥)箱内有无杂物,免耕播种机仅使用颗粒状化肥,加入的种子应清洁,以防堵塞缺苗。

7)播种机播种或转移地块时,严禁站在拖拉机与播种机之间或坐在农具上。

8)工作中应减少不必要的停车,以减少种子或化肥的堆积或断垄。

9)严禁在播种机悬挂升起后,趴在播种机下面进行检查、调整及维修。

10)播量调节:播量调节:拖拉机与播种机挂好后,在播种机组进地作业前进行播种(肥)量调节。将播种机提升至地轮离开地面,在种

(肥)箱内放入至少 1/3 种子(肥),并将播量调节手柄置于某一位置,按照播种机地轮直径和工作幅宽计算出单位面积地轮转动圈数,然后均匀转动地轮至计算圈数,对各行排出的种子(肥)进行称重,根据农业技术要求的播量换算的相同面积播量,调整手柄位置调节播量直到符合要求为止。各行播种(肥)量要一致。

11)作业时,应平稳使开沟器入土,禁止急降机具作业。

12)地头转弯和倒退时严禁作业。

13)大风、下雨、土壤相对含水率超过 70%时,禁止作业。

农机产品享有哪些"三包"规定的权益？

1）农业机械产品实行谁销售谁负责"三包"的原则。即销售者、修理者、生产者均应承担农机产品修理、更换、退货责任和义务。"三包"有效期内，产品出现故障，农民可凭发票及三包凭证办理修理、更换、退货手续。

2）购买农业机械产品时，可开箱检验或者试车（机），向销售者索要财政税务部门统一监制的发货票、"三包"凭证、产品合格证及产品使用说明书，验清随车（机）工具、附件、备件。

3）在三包有效期内发生所有权转移的，三包凭证和购机发票随之转移，农机用户凭原始三包凭证和购机发票继续享有三包权利。

4）农机用户丢失三包凭证，但能证明其所购农机产品在三包有效期内的，可以向销售者申请补办三包凭证，并依照"三包"规定继续享受有关权利。

5）三包有效期内，农机产品出现质量问题，农机用户凭三包凭证在指定的或者约定的修理处进行免费修理，维修产生的工时费、材料费及合理的运输费等由三包责任人承担；符合"三包"规定换货、退货条件，农机用户要求换货、退货

的，凭三包凭证、修理记录、购机发票更换、退货；因质量问题给农机用户造成损失的，销售者应当依法负责赔偿相应的损失。

6）三包有效期内，符合更换主要部件的条件或换货条件规定的，销售者应当提供新的、合格的主要部件或整机产品，并更新三包凭证，更换后的主要部件的质量保证期或更换后的整机产品的三包有效期自更换之日起重新计算。

7）符合退货条件或因销售者无同型号同规格产品予以换货，农机用户要求退货的，销售者应当按照购机发票金额全价一次退清货款。

8）农机用户因三包责任问题与销售者、生产者、修理者发生纠纷的，可以按照公平、诚实、信用的原则进行协商解决。协商不能解决的，农机用户可以向当地工商行政管理部门、产品质量监督部门或者农业机械化主管部门设立的投诉机构进行投诉，或者依法向消费者权益保护组织等反映情况，当事人要求调解的，可以调解解决。协商或调解不成的，农机用户可以依照《中华人民共和国仲裁法》的规定申请仲裁，也可以直接向人民法院起诉。

选购玉米收获机应当注意的事项有哪些？

1）首先要特别注意了解收获机具的适应性，机具要适用当地的作物品种和种植模式。目前机型有对行、不对行、自走式、悬挂式、牵引式、单行和多行几种供选择。

2）要注意考虑投资效益问题。自走式为多行，机型庞大、价格昂贵，投资回收期较长。

3）背负式效率可以和自走式相媲美，相对于自走式产品和技术更成熟一些，投资仅是自走式的 1/10（两行收获），投资回收期较短。

4）选购玉米收获机时必须选择与自己现有拖拉机动力相匹配，实现最佳组合。

5）首选技术成熟、产品定型，尤其要选客户口碑好，最好当地已经使用的产品。

6）选服务功能强、配件供应及时的厂家，看生产方或销售方是不是合法正规单位。

玉米机械化联合收获技术

玉米机械化联合收获技术是利用玉米联合收获机收获玉米,可一次完成玉米摘穗、输送、剥皮、茎秆切碎、果穗收集和根茬破碎还田等作业工序的机械化技术。

 1.机具类型

1)按动力匹配形式可分为自走式、牵引式、悬挂式(背负式)三种。自走式玉米联合收获机一般自带行走和作业驱动动力。牵引式玉米联合收获机一般由拖拉机牵引,通过拖拉机动力输出轴驱动收获机各部件进行作业。悬挂式联合收获机,无行走和作业驱动动力,整机悬挂在拖拉机上,与拖拉机配套使用进行作业。

2)按收获方式可分为玉米摘穗收获机、玉米籽粒收获机和青饲料收获机三种。其中玉米摘穗收获机又可分为只有摘穗功能的摘穗机和具有摘穗、剥皮功能的摘剥机两种。玉米籽粒收获

4YP-2型背负式玉米联合收获机

4YZP-3型自走式玉米联合收获机

机收获后玉米以籽粒状态存在,目前有半喂入式和全喂入式两种。半喂入式仅果穗进入脱粒分离系统,经脱粒清选后进入粮仓;全喂入式果穗和茎秆全部进入脱粒分离系统,经脱粒清选后进入粮仓。青饲料收获机主要用于收获玉米青贮饲料。

 2.收获方法

1)玉米联合收获工艺流程为:摘穗→剥皮→秸秆处理等三个环节。收获方法有两种:分段收获和联合收获。

2)分段收获。在甘肃省大部分地区,玉米收获时的籽粒含水率高,收获时不能直接脱粒,所以一般采取分段收获的方法。第一段收获是指摘穗后直接收集带苞皮或剥皮的玉米果穗和秸秆处理;第二段是指将玉米果穗在地里或场上晾晒风干后脱粒。

3)联合收获。用玉米联合收获机一次完成

摘穗、剥皮、集穗(或摘穗、剥皮、脱粒,但此时籽粒湿度应为23%以下),同时进行茎秆处理(切段青贮或粉碎还田)等作业,然后将不带苞叶的果穗运到场上,经晾晒后进行脱粒。

 3.操作要点

1)合理选购。甘肃省各地玉米种植行距千差万别,加上玉米联合收获机价格相对较高,购买前须充分考虑所购机具的地区适应性、投资收益、动力匹配性、产品质量、售后服务、秸秆处理方式等因素。

2)正确安装。机具购回后,应详细阅读说明书并按说明书要求正确安装。

3)试割。收获机进入田间作业前,必须进行试割。先用低档,如果工作正常再提高到标准档位行进30~50米,停机检查果穗损失率、籽粒损失率、破碎率、含杂率、割茬高度和秸秆粉碎等情况,如收获质量达不到要求应进行调整。

4)合理选择速度和喂入量。根据玉米的长势、产量、地形、倒伏率和土壤干湿度来确定行走速度。注意喂入量的调整,保持负荷均匀,保证各部件正常运行,严禁超负荷运转。

5)直线行走。不准随意增加作业行数,对未收玉米要注意不要压倒。

6)收获机到地头时,发动机不要立即减速,将玉米果穗、茎秆处理完毕后,再减速转弯。

7)做好日常维护保养工作,保证机组正常作业。

 4.安全事项

1)作业人员应取得联合收获机驾驶员证,并

阅读收获机使用说明书中的安全操作内容,按要求进行操作。

2)启动玉米收获机前,必须先鸣喇叭发出启动信号。确认机器周围无人靠近时,才能启动机器。作业人员不得在酒后或身体过度疲劳状态下作业。

3)作业时,作业人员应随时观察收获质量,如有异常,应先停机,后检查。

4)在发动机运转时或工作部件完全停止前,不允许拆卸和调整机器,操作人员不得离开,不要靠近运转部件。

5)离开机器前,必须将割台下降到最低位置,粮箱回位到机架上。

6)当割台被升起后,禁止在割台下工作和检查。特殊情况下,应在被顶起部位或在割台下面放上可靠的垫板支撑,并放下支撑油缸上的安全卡,确认安全后方可实施检查和维修。

7)果穗箱升起卸粮时,严禁一切人员在果穗箱内、下方周围作业或围观,严禁用手、脚等协助卸粮。

8)不允许在高压线下停车,作业时不要在高压线下平行行驶。

9)机器作业时,粮箱内或平台上等位置严禁站人或进行故障排除。

10)玉米联合收获机在道路行驶或转移时,应将左、右制动板锁住,收割台提升到最高位置并予以锁定。

11)玉米联合收获机不准牵引其他机械。发动机熄火后,应及时拔掉开关钥匙。

油菜机械化联合收获技术

油菜机械化联合收获技术是在油菜成熟时，应用联合收获机一次完成收割、脱粒和清选作业等工序。

 1.技术操作要点

1）联合收获机在收获油菜时，要适当将清选风扇的风速调低，防止吹走籽粒，脱粒滚筒和凹版之间的间隙要适当调小。按逆时针回旋方向进行收割。收获倒伏作物时，将割台降至适宜高度，将拨禾轮轴前移，并正确选择收割方向，最好是逆倒伏方向，其次是横倒伏方向进行收割，以减少油菜籽的损失。

2）收获时机。应选在 90% 以上油菜角果外观颜色全部变黄或褐色，成熟度基本一致的条件下进行。

3）作业质量要求。总损失率应小于 8%，破碎率应小于 0.5%，含杂率应小于 6%，割茬高度应在 10～30 厘米，符合当地农艺要求。

4）油菜联合收获机应加装秸秆粉碎装置，油菜的秸秆切碎长度应小于 10 厘米，便于秸秆的还田。

4YJ-2.5 型轮式油菜捡拾脱粒机

4LZ-2 自走式油菜联合收获机

 2.注意事项

1)油菜收获机应由专业人员或经过专业培训的熟练机手操作,并按说明书安全操作规程正确操作,及时对收获机进行保养和调整。

2)机手要熟悉油菜田块地形,注意机具下田、过沟、过坎、行走安全等事项,熟练掌握收获机跨越障碍物、转弯、收割、行走、装袋的操作要领。

3)油菜收获一般选择晴天清晨、上午和下午的时段进行。晴天中午前后应停止收获。正式收获前选择典型的地块进行试收,检查试运转中未发现的问题。收获时收获机行驶速度不能过快,应选择中、低档速度工作。

4)在作业中,拨禾轮的转速要调到最低,根据油菜的长势和倒伏情况合理调整其高低位置。

5)在作业中要定期检查收获机运转情况和作业质量,发现问题及时调整,质量检查包括割茬高度、收割损失、清洁度和破损率等。

6)作业完毕,应将收获机清洗干净,特别是滚筒、清选、输送部分的杂草、尘土等要清洗干净,卸下所有皮带,涂防锈油或漆,停在干燥通风处保管,胶轮要用木板垫起。

油菜机械化播种技术

油菜机械化播种技术是根据其种植方式和农艺要求,用机械来完成开沟、施肥、播种等全部或部分生产环节的作业技术。

 1.主要技术内容

(1)撒播机开沟覆盖播种机械化技术

油菜撒播机开沟覆盖技术是在前茬收获后,按农艺要求将一定量的种子、肥料直接撒施于土壤墒情适宜的板茬地上,然后按一定沟距用开沟机开沟,将沟土均匀抛洒覆盖在畦面上的一种油菜轻便简化栽培技术。其技术要点:

1)机具选配。目前油菜机开沟作业模式主要有两种:一是8～15马力手扶拖拉机配套单开沟机进行开沟,适合于小地块作业。二是50～60马力大拖拉机配套双开沟机进行开沟作业,适合大田作业。

2)适时早播,合理密植。根据当地农艺要求,适宜播种期进行播种。亩播种量为150~500克,将油菜种子与复合肥拌匀,均匀撒播,后期及时间苗、定苗,亩保苗数符合当地农艺要求。

3)开沟与覆土。开沟时一般畦面宽140厘

2BM-4型油菜直播免耕施肥播种机

2BGKF-6 油菜施肥播种机

米,沟宽 20 厘米,沟深 15 厘米,沟土均匀抛洒覆盖在畦面(盖住种子和肥料),覆土厚度 1~2 厘米左右,覆土均匀,开沟要做到沟底平整、沟壁坚实、方便排灌。

（2）条播机械化技术

条播机械化技术是利用油菜条播机将油菜籽按照一定的行距直接播到大田的一种种植技术。其技术要点：

1）机具选配。一般选用与小四轮拖拉机配套的谷物条播机进行播种。

2）种肥混播。播前预留部分复合肥用于拌种,其余基肥先均匀撒于田面。种、肥要拌匀后再放入种肥箱中,便于落籽均匀,避免漏播。

3）机具调整。播前应对机具进行各行排量均匀性、行距、播量的调整,然后进行亩播量调整,避免密度过大。

4）播种质量。播种时应下种均匀,播深 1~2 厘米,行距 30~40 厘米。

 2.注意事项

1）机具使用、维修与保养要严格按照油菜播种机具的操作使用说明书的要求执行。

2）撒播机开沟属免耕种植方式,易导致田间杂草较多,形成草害,所以在开沟结束后进行封闭除草。

3）适时查苗,保证密度合理,无断条现象。

4）注意田间追肥和防治病虫害,根据油菜生产农艺规程要求,合理施用氮、磷、钾和硼肥。

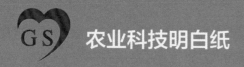

温室大棚机械悬臂走动式卷帘技术

温室大棚机械悬臂走动式卷帘技术是利用悬臂走动式卷帘机对温室大棚保温覆盖物（草帘、保温被等）进行自动卷放的一项技术,甘肃省常用的卷帘机为悬臂走动式卷帘机。

 1.悬臂走动式卷帘机简介

悬臂走动式卷帘机一般由底座、支臂、摆臂、三相或单相电动机、减速机、卷帘轴及电机座组成,一般都用单相电动机,功率 1.1 千瓦～2.2 千瓦,适合棚长 60～120 米。

 2.技术操作要点

（1）安装

安装前,应认真阅读《产品使用说明书》,安装步骤为:在棚中间固定主机→安放支架→卷杆连接→草帘铺盖并固定在下部卷轴上。

固定主机——焊接主机的各联结活动节、法兰盘、卷轴;将主机与电机连接;主机输出端靠向大棚方向,电机端指向棚外;联结好后放在大棚的中间。

安放支架——在棚前正中,距棚 1.5~2 米处挖坑埋设地桩,连接支撑架,以活结和销轴连接支撑杆,立起并连接地桩。

卷杆连接——将臂杆分别用高强度螺栓锁定于主机两端输出联轴器上,将卷轴与管轴、管套套接式联结起来。

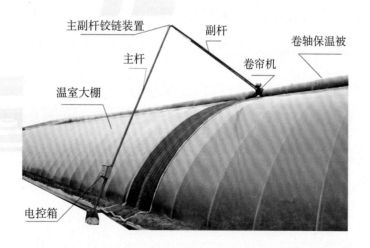

机械悬臂走动卷帘示意图

草帘(保温被)铺放——将草帘(保温被)垂直的平铺在大棚上,草帘(保温被)下端与卷轴捆扎成一体。

(2)调试

安装结束后,要进行一次全面检查,主机、支撑杆等安全可靠后方可进行调试。送电运行,约上卷2米,使草帘(保温被)滚实后将机器退回到初始位。调节卷帘绳长短、松紧至最佳工作状态,达到作业要求后可交付使用。

(3)操作

1)卷帘作业。启动调节控制开关至卷帘档,观察卷帘作业工作情况,卷帘至棚顶约30厘米时停机,切断电源。

2)放帘作业。启动调节控制开关至放帘档,配合使用刹车装置,控制平稳放帘至底部约30厘米时停机,切断电源。

(4)维护保养

1)作业期保养。首次使用前先往机体内注入机油1.5~2.0千克,以后每年更换一次,卷帘机作业前和使用期间,检查供电线路控制开关、线路是否老化,开关是否漏电,及时维修或更换,保证安全。

2)非作业期保养及存放。对机械进行一次全面维护保养,然后在干燥通风的环境下存放备用。

机械深松作业技术

机械深松作业是指在不翻动土壤耕作层的前提下,用深松机具对犁底层和心土层进行深层疏松,以改善土壤结构和质量,提高土壤蓄水保墒能力和作物产量的一种耕作技术。

 1.机械深松作业条件

1)长期采用铧式犁翻耕,土壤耕层16～22厘米以下明显有硬壳(称为犁底层)的地块。

2)土壤耕作层板结严重,影响作物出苗、渗水和根系向下穿扎的地块。

 2.深松机类型

1S-5型凿式深松机

铲式深松机

常用的深松机有凿式深松机、铲式深松机、全方位深松机、振动深松机和深松整地联合作业机。

1)凿式深松机:深松深度大,通过性能好,属于局部深松,适合于秸秆覆盖地表情况下的深松作业。

2)铲式深松机:有箭型与双翼型,松土面积大,效果好,并兼有除草功能,但作业阻力大,作业后地表不平整。

深松旋耕整地联合作业机

3)全方位深松机:深松效果好,犁底层打破彻底,底部有"鼠道",便于储水排涝,作业后地表平整,但动力消耗大,需与大型拖拉机配套。

1SZL-190型深松整地联合作业机

4)振动深松机:采用振动式深松铲,松土效果好,上虚下实,地表平整。但机具结构复杂,维修保养部位较多。

5)深松整地联合作业机:该机可实现一机多用,即可单独深松或旋耕作业,又可进行深松旋耕联合作业,工作效率高,但需要与90马力以上拖拉机配套使用。

 3.深松机使用调整

1)纵向调整。使用时,将深松机的悬挂装置与拖拉机的上下拉杆相连接,通过调整拖拉机的上拉杆（中央拉杆长度）和悬挂板孔位，使得深松机在入土时有 3°~5° 的入土倾角，到达预定耕深后应使深松机前后保持水平，保持松土深度一致。

2）深度调整。用限深轮调整机具作业深度时，改变限深轮距深松铲尖部的相对高度，距离越大深度越深。调整时要注意两侧限深轮的高度一致，否则会造成松土深度不一致，影响深松效果。调整好后注意拧紧螺栓。

3）横向调整。调整拖拉机后悬挂左右拉杆，使深松机左右两侧处于同一水平高度，调整好后锁紧左右拉杆，这样才能保证深松机工作时左右入土一致，左右工作深度一致。

 4.操作要点及注意事项

1）选配深松机时应充分考虑当地动力条件，机具作业幅宽要与动力相匹配。

2）机具须按产品说明书要求安装、使用和保养。

3）深松必须在土壤墒情合适的情况下进行，夏季深松一般在作物收获后，雨季到来之前进行。秋季和春季深松应在土壤墒情合适的情况

下进行，土壤过干或过湿时都不宜深松。过干时会因土壤疏松引起跑墒，过湿时易引起拖拉机打滑。灌区深松一般在冬灌之前进行。

4）深松深度以打破土壤犁底层为宜，一般应超过 25 厘米，但不宜超过 35 厘米，否则造成动力浪费。

5）深松不需要年年进行，一般每 3 年深松一次。

6）深松后的地块一般不再进行翻耕作业。根据地表平整情况可在播种前进行浅旋或浅耙等作业，以获得良好的种床。

7）采用单一功能的铲式深松机作业时，应佩带镇压器，以减少深松作业带来的地表不平整。

8）驾驶员技术应娴熟，做到安全操作。

9）机具作业时应保持直线行驶，做到不重松，不漏松。机具未提起之前，不得转弯或倒退。

10）机具作业前应清除地块中的石头、树根等杂物，以免损坏深松机铲刃。

 5.适宜区域和范围

机械深松作业主要适宜于沙壤土、壤土和黏壤土等，耕作层 20 厘米以下为沙层的地块不宜进行深松作业。

马铃薯生产全程机械化技术

马铃薯生产全程机械化技术是以机械化种植和机械化收获技术为主体技术，配套机械化深耕和中耕培土、机械植保、机械杀秧技术及耕整地技术等，达到减少工序，提高生产效率的目的。适用于甘肃旱作及灌区马铃薯作物生产。

 1.主要技术内容

1）马铃薯播种机械化技术：就是利用马铃薯播种机械一次完成土壤旋耕、施肥、喷药、播种、起垄、覆膜等复式作业。

2）马铃薯培土机械化技术：马铃薯在出苗后未顶破地膜前使用上土机在膜面上覆盖一层土，可防止太阳晒坏芽，防草，防青头。

3）马铃薯植保机械化技术：利用喷雾机进行马铃薯杂草及病虫害防治。

4）马铃薯杀秧机械化技术：收获时若秧、草较多，难以实现机械收获，必须用杀秧机将秧、草粉碎，为机收创造条件。

5）马铃薯机械化收获技术：当马铃薯植株大部分茎叶干枯、块茎停止膨大而易于脱离植株时，用收获机收获，可一次完成挖掘、薯土分离、机后铺薯块三道工序。

整地机

马铃薯播种机

 2.马铃薯全程机械化技术模式

模式1：翻地→轻耙→播种→中耕培土→喷药→割秧→挖掘。

模式2：深松整地→镇压→施肥播种起垄铺膜→中耕培土→喷药→割秧→收获。

 3.配套机具

（1）深松耕整地机械

播种前宜选用深松旋耕联合整地机作业，为马铃薯生长创造良好的土壤条件。

（2）播种机械

1）大垄双行马铃薯覆膜施肥播种机：有旋耕起垄型和圆盘起垄型两种，整地质量较差地块选旋耕起垄型，整地质量较好地块选用圆盘起垄型。使用本机起垄高、整地细，播深、行距和株距可调，可一次完成开沟、施肥、播种、起垄、喷除草剂、铺膜等多道工序，省工、苗齐且高产。

2）双垄单行马铃薯施肥播种机：该机可一次完成开沟、施肥、播种、喷除草剂、起垄等作业，能满足各项农艺要求，适宜在不覆膜的情况

上土机

马铃薯收获机

下使用。

3）滴灌型大垄双行马铃薯覆膜施肥播种机：增设滴灌装置，为节水灌溉打下了良好基础。在干旱缺水地区应用，节水效果好，水资源利用率可达90%以上。

（3）马铃薯培土机械

对高垄覆膜种植地块，在出苗后未顶破地膜前用上土机在垄上覆盖一层3~5厘米土，不用放苗。在未覆膜地块，选用中耕培土机上土。

（4）植保机械

防治晚疫病和虫害时，小地块以小型喷雾机为主，可选用背负式机动喷雾、喷粉机具和电动喷雾机等；大地块，选用动力喷雾机和喷杆喷雾机。

（5）杀秧机械

杀秧机一次完成垄顶和垄沟的秧秆粉碎清理，且不伤到马铃薯。

（6）马铃薯收获机

1）分段收获：收获大垄双行宜选用4U-83

喷杆喷雾机

型、收获2行单垄单行宜选用4U-100型、4U-110型马铃薯收获机，在大地块可选用4U-180型马铃薯收获机；

2）联合收获：在马铃薯种植规模较大的地区，宜引进马铃薯联合收获机，加装分级装置，一次作业实现收获、分级及包装工序，降低收获成本，提高生产效率。

 4.安全操作注意事项

1）认真阅读《机具使用说明书》，作业时严格遵守操作规程和安全注意事项。

2）播种作业中，不应用手或金属件直接清理开沟及排种、排肥装置或在排肥箱内扒平肥料。播种机、开沟器落地后，拖拉机不准倒退、转弯和转圈作业。

3）播拌有农药的种子或者播种兼施化肥时，参加作业的人员应穿戴防护用品，作业结束后作业人员应洗漱干净。

4）在挖掘时，限深轮应走在要收的马铃薯秧的外侧，确保挖掘铲能把马铃薯挖起，不能有挖偏现象，否则会有较多的马铃薯损失。

5）机具出现故障或清除缠草等杂物时，须先切断主机动力，在发动机熄火后进行，严禁机器运转时进行维修或调整操作。作业时，危险区域严禁站人。

保护性耕作技术

保护性耕作是对农田实行免耕、少耕,用作物秸秆覆盖地表,减少风蚀、水蚀,提高土壤肥力和抗旱能力的先进农业耕作技术。

 1.技术内容

保护性耕作有四项技术内容:①秸秆残茬覆盖;②免耕施肥播种;③杂草和病虫害防治;④深松与表土作业。

 2.操作要点

(1)秸秆残茬覆盖技术

收获时,将 1/3 的作物秸秆和残茬覆盖地表。可采用留高茬或者秸秆粉碎覆盖的方式。小麦和玉米一般留茬 15 厘米以上,小秋作物一般留茬 10 厘米以上。

1.秸秆残茬覆盖

(2)免耕、少耕播种技术

对秸秆或根茬覆盖量较少的地块,用免耕播种机直接压茬(秸秆)播种;对秸秆或根茬覆

盖量较大的地块,采用圆盘耙或旋耕机进行浅耙或浅旋后,再用免耕播种机播种,也可以用旋耕施肥播种机一次完成旋耕整地、施肥和播种等作业。要选择优良品种,并对种子进行清选和药剂拌种处理,亩播量按照当地农艺要求确定,一般应略高于传统播种方式。播深均匀一致,种肥间距要求达到 3～5 厘米,以避免烧种。

2.免耕施肥播种

(3)杂草、病虫害防治技术

采用以喷施化学除草剂防治为主,机械和人

3.杂草和病虫害防治

工除草相结合的方式进行除草。化学除草剂使用应做到合理配方,适时打药,不漏喷重喷。

（4）深松与表土作业技术

深松可选用铲式深松机或全方位深松机进行深松。旱区深松一般在前茬作物收获后,雨季到来前进行,灌区深松一般在冬灌前进行,深度一般以能够打破土壤犁底层为宜,要求深松深度一致,不重松,不漏松。对秸秆覆盖量较大及地表不平整的地块,可采用浅旋、浅耙等表土处理方式进行处理。

4.深松与表土作业

3.技术工艺路线

（1）河西走廊冷凉风沙灌区

1）大田种植技术模式

前茬作物高茬收获→深松→冬灌→根茬覆盖越冬→施农家肥→药剂拌种→春季根据需要整地→免耕播种→田间管理→机械收获。

2）留茬留膜覆盖抑蒸技术模式

前茬作物高茬收获→留茬留膜越冬→灌冬水→次年免耕播种→田间管理→高茬收获→留茬留膜越冬→播前回收残膜→浅旋整地→铺膜播种或改种其他作物。

（2）中东部黄土高原丘陵沟壑区

1）连作技术模式

前茬作物高茬收割→根据需要深松→休闲期化学除草→播前根据需要浅耙或浅旋处理整地→免耕播种→田间管理→高茬收割。

2）轮作技术模式

小麦高茬收割→免耕种植小秋作物→田间管理→高茬收割→留茬覆盖越冬→浅旋整地→覆膜播种玉米→田间管理→高茬收割→残膜回收→浅旋→免耕播种。

3）留茬留膜覆盖抑蒸技术模式

前茬作物收获→留茬留膜越冬→次年免耕播种→田间管理→作物收获→留茬越冬→播前捡拾残膜→浅旋→铺膜播种或改种其他作物。

4.配套机具

保护性耕作机具分为关键机具和通用类机具两类,关键机具包括小麦免耕施肥播种机、小麦旋耕分层播种机、玉米免耕施肥播种机和铲式深松机等机器。相关的通用类机械有联合整地机、秸秆粉碎机、普通旋耕机、喷雾器和圆盘耙等。

5.适宜范围和注意事项

主要适宜于小麦、玉米和小秋作物。冷凉地区秸秆覆盖量过大时会影响出苗。

户用沼气日常管理与使用技术

 1.户用沼气池的装料启动

新建和大换料后的沼气池需要装料启动。

1)选择优质的原料,进行堆沤处理。直接选择牛粪或马粪及猪粪和牛马粪各一半混合后作为原料投入启动较好,启动原料不能用纯鸡粪和纯人粪,纯猪粪作为原料启动较困难。投料前原料需堆沤,堆沤时间夏季 3~5 天、春秋季 6~8 天,堆沤时要往粪堆上泼水湿润,然后加盖塑料薄膜。注:启动时不要使用经过消毒或添加抗生素的养殖场粪便,正常产气后可补充经暴晒的养殖场粪便。

2）添加质优量足的接种物。添加 10%～30%的接种物,最容易收集到的接种物是正常产气沼气池的沼液和沼渣,其次可以选择粪坑底部的沉渣,屠宰场、食品加工厂、酿造厂、池塘的污泥等。堆沤 1 周左右的牛粪可作为接种物兼原料。

3)加入温度适宜的水。选择晒热的池塘沟渠等 20℃以上适宜沼气发酵的水,不能直接加入冰凉的水和含有洗衣粉洗发水等对沼气发酵有毒有害的水。

4)粪便原料与水的用量。10 立方米沼气池启动装料时,先装入 1.5 立方米水,再装入 2 立方米料,接着装 1.5 立方米的水,再装 1 立方米接种物,最后装入 2.5 立方米左右的水,料液总体积 8.5 立方米左右。

5)密封天窗口。密封天窗口时要用无砂的红土,先把红土碾细过筛,加水和泥,将泥反复揉搓搁置半小时左右。天窗口和密封盖外沿先用水淋湿,抹上红胶泥后,将密封盖盖在天窗口,用脚踩踏塞紧,再用红泥把缝隙抹平,加水养护。

6)放气试火。装料产气后,正常使用前要放气 1～2 次,待能点燃时才能正常使用。

堆沤

天窗口密封一

装料

天窗口密封二

 2.户用沼气池的日常管理

1)勤进料、勤出料。先出料,后进料,出多少,进多少。正常产气 1 个月后,一般每天进出料 20 千克左右,也可以 1 周进出料一次,最多不得超过 1 个月必须进行一次进出料。进料后料液离地面 70 厘米为宜。大量进出料前要用完沼气,然后关闭净化器开关并拔开集水瓶进气管以防产生负压损坏沼气池、管路和脱硫器等设备。

2)沼气池料液酸化的判断与调节。沼气池由于原料不佳或接种物不足导致酸化情况,表现为产的气不能点燃、产气量迅速下降,甚至完全停止了产气,并且发酵液的颜色变黄,用 pH 试纸测试,试纸变红。酸化程度较重时需要取出部分发酵料液,重新加入大量接种物或者正常产气沼气池中的沼液沼渣、酸化程度较轻时可加入草木灰或者澄清的石灰水进行调节。要边调节边搅拌边测酸碱度, 使 pH 值保持在 6.8~7.5 之间。

3)输气管路、天窗口漏气检查。每隔半年或沼气池产气量明显下降时,要检查活动盖蓄水圈里是否冒气泡,用肥皂水检查输气管、开关和配件的接头处是否冒泡,发现冒泡要及时修补或更

换。

4)搅拌。沼气池每隔 3~5 天或结合进出料要搅拌一次,每次 10 分钟左右。

5)脱硫剂再生和更换。净化器中的脱硫剂使用 3~6 个月后会变黑,需要再生,再生 1~2 次后必须更换。再生时关闭进气开关,打开净化器取出脱硫剂, 放在阴凉干燥通风处 1~2 天变成红褐色,然后重新装入净化器,粉状碎末不得再次装入。

6)做好沼气池的越冬保温工作。入冬前,沼气池内要多进牛驴马粪等热性原料。沼气池在棚里的要加盖棚膜;露天沼气池,应在上面覆盖 50 厘米到 1 米的小麦、玉米等农作物秸秆或搭建小拱棚。

户用沼气常见故障与排除

1）压力表指针来回波动，火焰燃烧不稳定。原因：输气管道内有积水或集水瓶里的水已满。排除方法：排除管道内的积水或倒掉集水瓶里的水。

2）打开灶具开关，压力表急降，关上灶具开关，压力表急升。原因：导气管堵塞或拐弯处扭曲，管道通气不畅。排除方法：疏通导气管，理顺拐弯处输气管道。

3）压力表上升缓慢或不上升。原因：①沼气池或输气管道漏气；②发酵原料不足或消耗完；③沼气发酵接种物不足。排除方法：检修沼气池或输气管道；增添原料；添加接种物。

4）压力表上升慢，达到4~5个压力（千帕）就不再上升。原因：①气箱或管道漏气；②进料管或出料间有漏水孔。排除方法：检修沼气池或输气管道；增添原料；添加接种物。

5）压力表上升快，使用时下降也快。原因：池内发酵料液过多，气箱容积太小。排除方法：取出部分料液。

6）压力表上升快，气多，气点不着或点着效果很差。原因：①接种物少，气体中可燃烧的甲烷含量低；②发酵料液过酸或过碱。排除方法：排放池内不可燃气体，增添接种物或换掉大部分料液，调节酸碱度，使pH值达到6.8~7.5。

7）开始产气时正常，以后逐渐下降或明显下降。原因：①逐渐下降是未添新料；②明显下降是管道漏气。排除方法：取出部分旧料，添新料；检查维修漏气管道。

8）平时产气正常，突然不产气。原因：①加入了大量经过杀菌剂消过毒的原料；②天窗口漏气，输气管道断裂或脱落；③输气管破损；④压力表损坏；⑤池子突然漏水漏气；⑥用后未关开关或开关关不严。排除方法：①根据中毒程度，取出1/3以上的料液，加入经过堆沤的新料和增温的水或添加产气正常沼气池的沼液渣；②重新密封天窗口，接通输气管；③更换破损的管道；④修复压力表；⑤检查维修沼气池；⑥用气后关紧开关。

9）厨房内漏气。原因：①输气管路或灶管连接不紧；②软管、硬管年久老化。排除方法：①将接头拧紧；②更换新管。

10）产气正常，但燃烧火力小或火焰呈红黄色。原因：①火力小是灶具火孔堵塞；②风门开的太小；③锅支架过低。排除方法：①清除灶具上的喷火孔堵塞物；②调节灶具风门至火焰呈蓝色；

清理火孔

不正常的黄焰

调节风门

气管堵塞;小火燃烧器与主燃烧器相对位置不合适;一次空气量过大;火孔内有水;点火器电极或绝缘子太脏;导线与电极接触不良或失效;脉冲点火器的电路或元件损坏;压电陶瓷接触不良或失效;打火电极间距离不当;打火电极未对准小火出火孔;未装电池或电池失效(脉冲)。排除方法:疏通喷火嘴或输气管;调整小火燃烧位置;调小风门;擦拭干净;用干布擦净;调整或更换;请专业人员修理;调整或更换;调整压电陶瓷接触点;调试电极间距离;装入或更换电池。

13)正常使用一段时间后,燃烧器回火。原因:分火器杂质太多,致使气流不通。排除方法:清洁火盖上的杂质。

14)灶具长期不用,再使用时,旋钮开关扭不动。原因:开关生锈。排除方法:对开关进行拆解清洗、打油,重新装回即可,或更换新开关。

正常燃烧蓝色火焰

③调整或更换锅支架。

11)沼气灶正常但打不着火。原因:①沼气管道开关未打开;②沼气中甲烷含量低;③沼气压力太大。排除方法:①打开气源开关;②排放不可燃气体,增加新鲜原料和接种物;③调节净化器前开关,减小进气量。

12)自动点火点不着火。原因:火喷嘴或输

户用沼气安全使用常识

1.安全发酵

1)沼气池进出料口必须加盖板。

2)电石、各种农药、刚喷洒了农药的作物茎叶、刚消毒的畜禽粪便、洗衣粉水、大蒜、韭菜、核桃皮、棉籽等对沼气发酵有害物质都不能进入沼气池。

3)禁止把骨粉、动物尸体、磷肥等加入沼气池,防止产生有毒气体。

2.安全管理

1)要经常观察压力表的变化,当压力过大时,要立即用气或放气。

2)大出料或出料量比较多的时候,要打开用气开关或打开活动盖,以免产生负压,损坏沼气池。

3)沼气池维修必须由专业人员操作并做好安全防护措施。一是打开活动盖,在池外将料液抽干净;二是将进料口、出料口、活动盖三处打开敞7~10天,之后向池内鼓风排出残存气体;三是把小动物(鸡、鸭、猫、狗等)放入池内,观察15~30分钟,如动物活动正常可以下池;四是入池操作时,须用防爆灯或电筒照明,严禁使用油灯、火柴、打火机和蜡烛等明火;五是下池人员必须系好安全带,同时池外要有专人进行看护,严禁单人下池操作,下池时如果感觉头痛、头昏、恶

心、呕吐或身体有其他不适状况,看护人员应立即用安全绳将其拉出池外通风阴凉处休息;六是发生池内人员昏倒时,立即向池内输送新鲜空气,待池内安全后将人抬出,切不可盲目下池抢救人员,以免发生连续窒息中毒事件。

4)如有沼气窒息人员,先抬到地面避风处,解开上衣和裤带,注意保暖,及时送医院治疗;被沼气烧伤人员,应迅速脱离现场,脱掉着火衣物进行灭火处理,被烧伤的皮肤表面立即用清水冲洗创面,并用清洁衣服或被单裹住创面后及时送医院就诊。

3.安全用气

1)经常用肥皂水检查管道各接头是否有漏气现象,严禁在沼气池导气管口点火试气,严禁用明火检查管路各处接头、开关漏气情况。

2)需用火柴点火灶具时,先点火柴,再扭开关,待点燃后,才全部扭开。

3)沼气灯、灶具和输气管要远离柴草、家用电器、电线等易燃物品,以防失火。一旦发生火灾,应立即关闭沼气池外总开关切断气源。

4)如果沼气泄露,能闻到臭鸡蛋气味,应迅速打开门窗自然通风,将气体排出室外,严禁抽烟使用明火、开灯、开风扇、排气扇等电器以免引起火灾或爆炸。

农业实用技术科技明白纸

户用沼气安全使用图例

安全使用

灶具、饭煲用完后关好总开关

沼气灯上方不能放易燃品

大于75厘米

沼气热水器 **严禁** 安装在洗澡间内

用肥皂水检查接头漏气现象

严禁 用明火检查开关和接头处的漏气情况

严禁 在室内放气

室内漏气时 **严禁** 使用一切火种及电源开关

严禁 易燃物品靠近沼气导管和灶具

严禁 在沼气导气管处明火试气

安全管理

沼气池进料、出料口必须加盖板

严禁 破坏沼气菌群的物质入池

池口周围 **严禁** 玩火

严禁 池内使用明火

下池维修维护沼气池必须由专业人员操作

下池前，池内残留沼气一定要排尽，然后用小动物进行活体试验

下池时，必须系好安全绳，池外须有专人看护

严禁 盲目下池抢救.

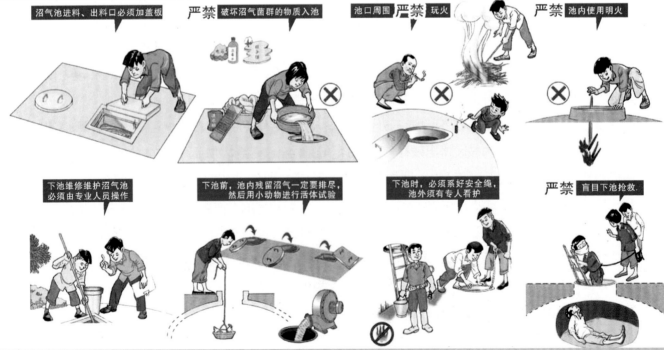

✓ 代表安全使用
✗ 代表禁止使用

甘肃省农牧厅　甘肃省农村能源办公室

沼液、沼渣综合利用技术(上)

1.沼液浸种

（1）小麦沼液浸种

种子的处理。在浸种前要选择晴天将麦种晒2~3次，提高种子的吸水性能。

浸种时间。在播种前一天进行浸种。浸泡时间要根据水温而定，一般17℃～20℃浸泡6~8小时。

浸种操作。将要浸泡的麦种装入透水性好的塑料编织袋，每袋种子量占袋容的2/3。将袋子

放入水压间沼液中，并拽一下袋子的底部，使种子均匀松散于袋内，以沼液浸没种子为宜。

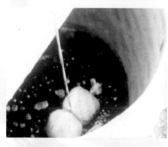

播种。麦种浸6~8小时后，取出种子袋，用清水洗净，并使袋里的水漏去，然后把种子摊在席子上，待种子表面水分晾干后即可播种。如果要催芽的，即可进行催芽播种。

（2）马铃薯沼

液浸种

浸种在播种前一天进行。取沼液盛入缸或桶等容器中，将种薯切块后装入透水性好的编织袋或布袋等包装袋中，整袋浸入沼液。在温度为15℃～25℃的沼液中，浸种4小时。浸种时包装袋要完全淹没在沼液液面以下，确保浸种效果。浸种结束后，将种薯从包装袋中取出，摊开晾干种薯表面水分，第二天即可播种。

（3）注意事项

1）用于浸种的沼液一定要取自正常产气使用3个月以上的沼气池。中毒、酸化以及长期停用的沼气池中的沼液不能用于浸种，以免伤害种子。

2）在浸种前几天打开水压间盖，在空气中暴露5~7日，并搅动数次，使少量硫化氢气体散发，并将水压间内水面上的浮渣清除。

3）种子浸泡时间不宜过长，否则影响出芽。

4）如沼液浓度过高，浸种前加1~3倍清水。

2.沼液喷施

（1）沼液施肥

沼液宜作追肥施用，也可在作物移栽7~10天后，每隔7~10天喷施一次，连续2~3次。对幼苗、幼花、幼果期的作物和气温较高时的成苗作物都应加1倍～3倍清水稀释喷施，防止烧伤作物。每次每亩喷施沼液35千克左右。蔬菜采摘前1周停止施用，也可与防治病虫害同时进行。

（2）沼液防治病虫害

1）防治蚜虫。果树和蔬菜出现蚜虫时，可用沼液进行防治。具体的操作方法是：用沼液14千克，洗衣粉溶液0.5千克（洗衣粉溶液按洗衣粉和清水0.1:1比例配制），配制成沼液复方治虫剂，用喷雾器喷施。每次每亩喷施35千克，第2天再喷施1次。喷施时间最好选择晴天的上午进行。

沼液喷施

2）防治果树病虫害。在苹果、桃树等果树的生长期间，用沼液原液或添加少量农药喷施果树可防治果树芽虫、红蜘蛛、黄蜘蛛等病虫害；用沼液涂刷病树体，可防治苹果腐烂病；沼液灌根，可防治根腐病、黄叶病、小叶病等生理性病害。用沼液原液喷施果树，对红蜘蛛成虫杀灭率为91.5%，虫卵杀灭率为86%，黄蜘蛛杀灭率为56.5%；沼液加1/3水稀释，红蜘蛛成虫杀灭率为82%，虫卵杀灭率为84%，黄蜘蛛杀灭率为25.3%。因此沼液浓度越高，杀虫效果越好。用沼液喷施果树时，加入1/1000～1/2000的氧化乐果或1/1000～

1/3000的灭扫利，杀虫、杀卵效果非常显著，成虫和虫卵杀灭率可达100%，而且药效能持续30天以上。

3）防治小麦赤霉病。沼液对小麦赤霉病有明显的防治效果，使用沼液原液喷施，效果最佳，使用量通常是每次每亩喷50～100千克，在盛花期喷1次，隔3～5天再喷一次，防治率能够达到80%。

4）防治西瓜枯萎病。亩施沼渣2000～2500千克作基肥，用1份沼液和20份清水混合液浸种8小时后，在催芽棚中育苗移栽，并在生长期叶面喷施1份沼液和10～20份清水混合液3～4次，基本上可控制枯萎病的大面积发生。出现个别发病株，及时用沼液原液灌根，也能杀灭病原菌，救活病株。在西瓜膨大期，结合叶面喷施沼液，用沼渣进行追肥，不但可以控制枯萎病，而且能增产，品质也有所提高。

3.注意事项

1）必须使用正常产气2个月以上沼气池的沼液，原沼液取出静置5天以上，再用纱布或其他方法进行过滤，防止堵塞喷施工具。常用喷施工具为手动或自动喷雾器。

2）尽可能将沼液喷施于叶子背面，有利于作物的快速吸收。

3）沼液喷施时间最好选择在晴天的上午8：00—10：00进行，夏天宜在傍晚进行，中午高温时会灼伤叶片不要喷施，下雨前不要喷施。

沼液、沼渣综合利用技术(下)

1.沼肥利用

1)基肥。沼肥做基肥时，每亩施用量为1000～1500千克(含干物质300～450千克)左右，可以直接泼洒田面，并立即耕翻。注意:每亩一次用量沼渣不能超过3000千克，沼液不能超过10吨，否则导致作物疯长、易倒伏致减产等。

2)追肥。沼肥做追肥时，每亩用量为1000～1500千克，可以直接开沟或挖穴，浇灌在作物根部的周围，并覆上土以提高肥效。也可结合农田灌溉，把沼肥加入灌溉水中，随水均匀流入田间。

3)配制营养土。沼渣配制营养土和营养钵，应该采用腐熟度好、质地细腻的沼渣。配制100千克营养土，一般使用沼渣20~30千克，然后再掺入50~60千克的黏土，5~10千克的锯末，5千克的沙土。压制营养钵，配料要注意调节黏土、沙土和锯末的比例，适当增加黏土的用量，使它们具有一定的黏结性，以手握成团，不易散开为标准。

2.沼肥在苹果树上的应用

(1)沼液使用

1)叶面喷施。采用正常产气2月以上沼气池的沼液,经过滤取其清液。叶面喷施时要着重喷施叶背面,喷施量以叶面流水滴为宜。喷施可结合防治病虫害,适当加营养元素和农药混喷,对肥效和药效无影响,且效果更好。

除花期外，原则上果树每个生长期均可喷施，一般发芽后每隔15~20天喷施一次。幼树喷施时可加入0.2%～0.5%的磷肥、钾肥，大龄树喷施时可加入0.5%的尿素和相应要防治的农药。嫩叶期1份沼液+3份清水，高温期沼液、清水各一半喷施，老叶片不加水可直接喷施沼液原液。

2)根施。幼龄树上施用,每株施5~10千克,在树冠下投影内缘处挖20～30厘米环形浅沟施入, 施后覆土填埋。挂果树每株施50千克,在树冠下投影处挖30~40厘米环形沟或里浅外深的放射沟施入, 施后覆土填埋。

洒施

根部施肥

结合灌溉施肥

3)洒施。将沼液抽入沼渣、沼液抽吸罐中,均匀洒入土壤中,立即深翻填埋,使沼液和土壤结合,防止肥效损失,每亩施沼液 2500 千克。

4)冲施。追肥时可结合果园灌水冲施沼液。但要求果园地面要平坦,施肥量与水流量要均匀混合施用。

（2）沼渣使用

沼渣一般可直接施入果园土壤,根据树龄大小、树势强弱、土壤肥力状况在树冠投影内缘挖 20～30 厘米宽、20～40 厘米深的环状沟或里浅外深的放射沟,施肥后覆土即可。

（3）沼肥的施用时期和施用量

幼树生长季节,可 1 月穴施沼渣或沼液 1 次,每株施沼渣沼液 20 千克。挂果园,以维护树势为主要目的,施沼肥以基肥为主。大致可分三个时期。

1）花前肥:3 月下旬、4 月上旬选择开花前 10~15 天,每株施沼渣沼液 50 千克。

2）壮果肥:6 月至 7 月每株施沼渣沼液 100 千克。此期肥可分 2 次进行,花后一月和花后 50 天左右各施一次,也可一次施入。

3）还阳肥:9-10 月份每株施沼渣沼液 50 千克,施肥方法同上。注意此次施肥要看树势掌握用量,避免用肥过量引发秋梢旺长。

（4）注意事项

1)长势差的应多施,长势好的少施;衰老的树多施,幼壮的树少施;坐果多的多施,坐果少的少施。

2)沼液取出后静置 5 天以上,叶面喷施时要加适量清水稀释,防止烧伤果树。

3)沼肥与农药、化肥混合使用时,酸碱度应保持一致,避免降低效用。

4)用量要适当,不能盲目加大用量,造成果树徒长,影响通风透光。

温室大棚沼气利用技术

温室大棚内可选用沼气施肥增温灯、沼气灶等燃烧器具燃烧产生二氧化碳进行施肥,产生热量进行增温,通常每50平方米设置1盏沼气施肥增温灯。

1.利用沼气燃烧产生二氧化碳气肥

1)施肥时期。在作物移栽后1周左右,缓苗后即可施用二氧化碳。黄瓜、番茄、油桃等果蔬,在开花期、结果初期对二氧化碳的需求量较大,生长前期施用二氧化碳气肥效果最好。

2)施肥浓度。施用二氧化碳的浓度应根据果蔬种类、光照强度和温室内温度情况来定。一般在低温和茎叶嫩小时,采用较低的浓度;而在强光、高温、茎叶粗大时,宜采用较高浓度。幼苗期所需二氧化碳浓度低些,生长期高些,施肥浓度可用施放时间来控制。施肥应在晴天揭开草帘后0.5~1小时进行,通常采取断续施放,平均施放速度为每小时0.5立方米左右,每施放10~15分钟后间歇20分钟,在通风前30分钟停止施肥。中午和阴雪天,施肥效果差,停止施肥。

2.利用沼气燃烧产生热量进行增温

在冬季棚温最低时,点燃增温灯能提高棚温1℃~2℃,对预防冻害,尤其花果期突遇寒流降温有明显的作用,可减少畸形果的数量,通常在早5-7时进行,按先里后外的顺序点燃沼气施肥增温灯,点燃后人员不能在日光温室内停留,点燃0.5~1小时后,按先外后里的顺序关闭沼气增温灯。

3.施肥增温注意事项

1)沼气要经过脱硫处理。沼气中的硫化氢及硫化氢燃烧后产生的气体对作物有害。

2)施放二氧化碳气肥后,能促进蔬菜光合作用,水肥管理必须及时跟上,才能取得较好的增产效果。

3)沼气施肥增温灯的安装高度要便于操作使用且不妨碍对棚内农作物管理,一般2米为宜。

4)要经常用肥皂水检查沼气管路、开关和接头等是否漏气,发现漏气要及时进行处理,防止发生对人和农作物的伤害。

 4.沼气收储运及安全使用

(1)使用方法

1)在日光温室内沼气净化器后的管道上预留充气接口,与沼气储气袋(在市场上购买合格专用产品)连接进行充气,待压力表恒定时,充气完成,关闭沼气充气接口开关和储气袋开关。

2)沼气储气袋运输过程中不得靠近明火、猛力撞击,防止发生火灾,甚至爆炸。

3)家中厨房应按标准要求提前安装好沼气灶、压力表、输气管道、小型增压泵等用气设备。

4)把沼气储气袋和进气管接口连接牢固,打开开关,进行烧水做饭,用气结束后,关闭各接口开关。

(2)注意事项

1)沼气储气袋要轻拿轻放,放置在平整的阴凉处,禁止在太阳下暴晒,远离火源,离沼气灶(灯)3米以上。防止尖锐利器刻划沼气储气袋造成漏气。发现漏气要及时修补或更换。

2)要经常用肥皂水检查沼气储气袋是否漏气,发现漏气要及时修补或更换。

3)使用沼气前后,检查开关是否关闭。要经常检查开关、接头等处是否漏气。发现漏气时,应及时关闭气源,打开门窗,禁止使用明火和开关电器。

4)为防止发生火灾爆炸。禁止在沼气储气袋周围使用明火或对其猛力撞击;禁止在各管道接口处点火以免引起事故。

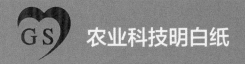

节能炉使用技术

 1.节能炉相比农村传统煤炉的优点

农村传统煤炉存在诸多缺点：一是炉膛内结构不合理，氧气供应不充分，造成化学燃烧不完全。二是炉体没有保温材料，热损失严重。三是炉体材料不耐用，容易被氧化，使用寿命较短，且造型不美观，功能单一。改进后的节能炉，一是利用热力学和燃烧学原理，合理改造了煤炉的燃烧室、进风口、炉箅等内部结构，实现了二次进风，促进了燃料的充分燃烧。二是增加了保温材料和余热利用装置等，提高了热效率。三是使用了新型炉体材料，炉体坚固耐用，寿命长，可拆装移动以及美观实用，且增加了使用功能。

节能炉按燃料类型划分为节能煤炉和高效低排放生物质炉。按功能大致划分为四种类型：炊事炉、炊事烤火炉、炊事采暖炉、炊事热水炉

炊事炉

炊事烤火炉

炊事采暖炉

炊事热水炉

等。

 2.购买节能炉注意事项

1）一炉多用，炊暖兼优。家用节能炉最好在形式上要多用途，应达到炊事取暖两方面性能兼优，炊事要保证火力较足，这一点对尚未使用天然气的地区和广大农村用户尤为重要。

2）质量可靠，使用安全。家用节能炉的结构应合理，用材要精良，严格按工艺要求进行制造加工，保证不因产品质量问题影响安全使用。

3）操作方便，使用得力。加煤（柴）、清灰、封火以及炊事、供暖之间的切换使用要操作简单方便、上火迅速、燃烧旺盛、火力较足，而且封火要严密，保持的时间较长，封火期间还能保持缓慢循环加热，以达到继续少量供暖，维持一定的室温。

4)经济性好，实惠耐用。节能炉应有较好的经济性，成本要低，售价合理，经久耐用，热效率高。但应指出，节能炉的材质是保障节能炉使用寿命和安全的重要条件。用户在考虑节能炉的价格时，切莫忽视质量问题。用材好的节能炉价格可能高一些，但质量可靠，使用寿命长，安全性好，所以未必不经济。

5)体积小巧，外形美观。由于节能炉大多直接放置在厨房或客厅内，故应体积小，占地少，外观好。结构上应便于清扫烟灰，表面光洁，易于清除污垢，保持清洁。

3.使用节能炉注意事项

各种节能炉的使用都应注意以下方面：

1) 在室内安装时应装设烟囱通往室外，要保持排烟通畅和室内空气清洁，减少室内污染，防止煤烟中毒。炊事炉严禁安装在卧室内。

2)炉外壁温度较高时，谨防烫伤。

3)如果加装水暖气，水箱的水位应高于其高度的 1/3，水量不足时应及时补水；采暖循环水不应作为其他用途。

4)如果配有电器装置，应有安全用电措施。

4. 使用高效低排放生物质炉注意事项

1)柴草要干燥，炉具要风干。①重量相同的柴草，含水越高，热值就越低。同样，柴草越干，热值就越高。②湿柴点火冒出很多水蒸气，吸收大量热量，烟熏火燎不易着火。

2)薪柴要截短，开始要加满。生物质燃料要根据炉具的需要，截成适当的小段，既有利于燃料和空气充分混合，又有利于炉膛填装和通风均匀。

3)关键上点火，中间陆续添。在燃料表面点火，燃料就会由上而下逐渐燃烧和加热，可以防止大量冒黑烟，也能满足火焰燃烧对风量的需要。

4)炊具勤清扫，饭菜快又全。平常做饭用锅和水壶的底部要经常清洗，以免影响传热，浪费燃料。

5)烟囱要通畅，省柴不冒烟。①经常清扫烟囱可保持排风通畅，提高烟囱的抽力，加强供风，保证燃料充分燃烧。②烟囱通畅可及时排除有害气体，保证室内空气质量。

6)小孩勿靠近，防烫保平安。使用炉具要注意安全，不要让小孩靠近炉体，避免烫伤。

7)轻搬又轻放，炉具保安全。①炉膛为耐火材料制作，不经碰撞，使用时要轻缓，不能用力去捅，避免损坏，影响正常使用。②运输中要采取防碰撞措施，使用前应检查，发现损坏要及时修补。

省柴节煤灶使用技术

1.省柴节煤灶相比农村传统旧灶的优点

旧灶的特点是:"一高"(吊火高),"两大"(灶门大、灶膛大),"三无"(无炉箅、无通风道、有的无烟囱)。引起的弊病是:由于吊火高,火的外焰只能燎到锅底;由于灶膛大,柴草燃烧火力不集中;由于灶门大,过量的空气直接从灶门进入灶膛而降低灶膛温度;没有灶箅和通风道,空气就不能从灶箅下进入灶膛与柴草混合;有的灶没有烟囱,柴草燃烧产生的烟气只能从灶门出来,弄得厨房烟熏火燎。因此,旧灶的使用不但造成燃料严重浪费,而且严重污染环境,损害人体健康。而省柴节煤灶与老式柴灶相比,具备"一低"(吊火较低)、"两小"(灶门和灶膛较小)、"三有"(有

灶膛、拦火圈、灶箅

炉箅、通风道、烟囱)的优点,结构比较合理。省柴节煤灶还设置了保温层,增加了拦火圈,延长了高温烟气在灶膛的回旋路程和时间,从而使热量损失减少,热效率提高,既省柴又省时间,并且安全卫生,使用方便。据测试,省柴节煤灶一般比传统旧灶省柴 1/3~1/2,节约时间 1/4~1/3。热效率也从不足 20%提高到 30%以上。

省柴节煤灶的建造技术要求高,建造时须由专业人员按照图纸施工。

2.使用省柴节煤灶注意事项

俗话说,"三分灶七分烧",灶改得好更要使用好。因此省柴节煤灶使用应注意以下几点:

1)柴草要尽量干燥,长度不要太长,添柴后要把灶门挡上。

2)要定期清除锅壁的结灰和积炭;带有回

省柴节煤灶外部结构

烟道的灶,还要定期清除回烟道中的灰尘。

3)加强对灶膛的维护和管理。不要用大的木柴或砖头碰坏拦火圈和燃烧室,发现有裂缝或掉块要及时修补。

4)加强灶体的管理。锅台上不要站人,也不要用重物碰撞灶体,特别不要撞坏灶的边沿,如有损坏要及时修补。

5)发现烟囱有裂缝或漏气的地方,要及时用砂浆抹严;定期清除烟道内的积灰,保持烟囱畅通无阻。

 ### 3.使用省柴节煤灶常见问题及排除方法

(1)灶门倒烟

原因:①灶膛容积太小,柴草添得太多,增加了空气流动的阻力,来不及燃烧。②柴草太湿,刚点燃后烟温低,容易倒烟。③拦火圈与锅壁间隙太小,烟气从烟囱排不出去。④副锅烟道不畅,烟气从烟囱排不出去。⑤烟囱处在大树和高大建筑物之下,遇到风向不定,也容易从灶门倒烟。

排除方法:①加大灶膛容积,柴草一次不能添得太多。②尽量使用风干后的柴草。③调整间隙,既能保证烟气排出,又能提高烟气热利用程度。④及时清除副锅烟道的积灰。⑤烟囱不宜建在大树或高大建筑物之下,若不好改变位置,应加烟囱帽。

(2)烟囱抽力不足

原因:①烟囱有不严密漏气的地方或堵塞。②烟道口径过小,烟囱高度不够。③出烟口处的拦火圈与锅壁的间隙太小,烟气阻力太大,不但没抽力,还会倒烟。

排除方法:①检查烟囱有无裂缝及时修补,烟道是否堵死并排除。②扩大烟道口径,增加烟囱高度。③调整出烟口的拦火圈与锅壁的间隙。

(3)锅偏离燃烧中心

原因:①燃烧火力不集中在锅底。②出烟口处的拦火圈与锅壁间隙太小引起锅后半部不开,只开前半部。

排除方法:①检查燃烧室形状,要使火焰高温区集中在锅底中心。②检查烟口处拦火圈与锅壁间隙,太小要适当调整间隙,同时检查其他部位是否合适。

(4)不易开锅

原因:①吊火高度过高,火的外焰燎锅底。②拦火圈太低,火焰直接被烟囱排走。③灶膛大,燃烧火力不集中。

排除方法:①降低吊火高度。②调整拦火圈高度及拦火圈与锅壁的间隙。③减小灶膛容积。

节能炕使用技术

 1.节能炕相比农村传统炕的优点

农村传统炕存在"一无"(炕内冷墙部分无保温层)、"二不"(炕面不平、不严)、"三阻"(炕头分烟阻力大、炕内排烟阻力大、炕梢出烟阻力大)等缺点,导致其产生能源消耗、空气质量、室内环境等问题。经过改进后的节能炕进一步完善了炕体和内部结构,采用炕体底部架空、炕墙立砖、取消炕内垫土等技术;去除了炕头挡火砖、炕梢迎风砖等不合理结构;将炕头堵式分烟改为炕梢"人"字形缓流式分烟;停火时有灶门、灶眼插板和烟囱插板控制保温;炕内与外墙接触的冷墙部分增设了保温层。改进的节能炕主要有架空炕、可移动床式节能炕、节能暖气铁炕等,热效率由不足45%提高到70%以上。

节能炕也可以与灶相连,称为炕连灶。炕连灶一般有省柴节煤灶、进烟口、炕洞、炕面、炕墙、炕檐、垫土层、出烟口和烟囱等部分组成。在采暖期,燃料投入灶内,即可做饭,同时高温烟气通过进烟口进入烟洞一端,在炕洞中高温烟气进行均匀分流,把热流传给炕面,在炕洞另一端烟气汇合通过炕的烟囱排出。在非采暖期,炕内的烟气,

架空炕

节能暖气铁炕

不经过炕洞而直接从烟囱排出。

2.节能炕使用注意事项

1）及时清除炕内积灰，保证添加的柴草能够充分燃烧和为炕体均匀加热。

2）正确使用烟囱插板，在炕内燃料未完全燃尽或剩余炭火过多时，烟插板不能插严，防止烟气中毒。

3）遇到炕内温度过高的特殊情况时，要立即采取措施灭掉炕内余火，并采取泼水、压土等有效措施降温，切不要插严烟囱插板，防止炕体上的可燃物自燃和烫伤人。

4）要经常清理烟囱及炕洞内烟灰，可从烟囱底部和炕的进烟口掏出炕内的可燃炭粒和焦油，保持烟道畅通，同时也可避免遇到高温时被引燃。

5）使用炕连灶时，室内要安装风斗或其他换气设施。

6）当发现炕体有漏烟现象时，要立即停止使用，待维修密封好后再使用。

3.使用节能炕常见故障及排除方法

（1）炕门燎烟、烟囱抽力不够

原因：①添柴门口过高。②进烟口过小。③烟道或烟囱堵塞或排烟不畅。④烟道口径过小。

排除方法：①添柴口要砌成扁宽式，上沿高度应低于锅脐 50 毫米以上。②进烟口尺寸高度应大于 180 毫米、宽度应大于 200 毫米，且呈里大外小的喇叭口。③炕灰过多，要及时清理。

（2）炕门倒烟

原因：①炕内堵塞。②烟道口径过小或高度太低或挂水、结冰、上霜、堵塞。③炕长时间没有烧，造成炕内潮湿、温度太低。

排除方法：①清理炕内堵塞物。②扩大烟道口径，增加烟囱高度。③烟囱底部点火加温，以增加烟囱温差，提高抽力。

（3）炕凉得快

原因：①烟囱出烟口过大，未设插烟板。②炕面过薄，蓄热层厚度不够。③未安装炕门或进柴口门，冷空气进入太多。

排除方法：①烟囱进烟口尺寸高度应大于 180 毫米、宽度应大于 200 毫米，并安装活动的烟囱插板。②炕面（含结构层）总厚度为 120 毫米，结构层上可铺砖也可抹草泥。③炕门或炕进柴口增设铁箅门。

太阳灶使用技术

1.太阳灶结构及组成(如下图)

聚光型太阳灶(以下简称太阳灶)是一种利用灶体反光汇聚太阳能辐射进行炊事工作的装置,一般由灶体、锅架、锅圈、支撑等部分组成。

镀膜太阳灶

玻璃镜片太阳灶

2.如何选择太阳灶放置地点?

1)应放在住宅北墙的开阔、避风、平坦处。

底座接地,要平稳牢靠。

2)要避开周围高大建筑物、树木等遮阴挡光的地方。

3)不要放在距草、树和其他易燃物品较近处。

4)不要放在潮湿的地方。

3.如何使用太阳灶?

1)按照具体设计规格、要求安装使用,保证

调整焦斑

取放灶具

旋转灵活,达到良好的使用效果。

2)为了提高热效率,在太阳灶上使用的灶具底部最好涂黑。

3)使用时,应随季节和时间的变化进行调整。首先调节方位,用手抓住灶壳上边缘左右推转,使灶面正对太阳;其次调节高度,用左手抓住灶的上沿,上下活动试压,右手调节调节杆(旋转螺丝杆),眼看焦斑对准锅底部中央位置即可。按时调整灶面,始终保持焦斑照在灶具底部。

4)使用时,灶具里的水不要太满,防止水开后溢出损伤灶面。取放灶具时,应当从太阳灶背面操作,防止烫伤。

用完后背向太阳)

⊙ 4.注意事项

1)注意保护镀铝膜或镜面表面清洁,延长反光材料寿命。使用时灶面如积有灰尘、水滴、

用棉布擦拭反光膜

泥、草等,应用柔软东西或棉布轻擦表面,不能用硬物或带有腐蚀性的化学品擦洗。

2)灶面的锅圈、支架负荷不要超过 10 千克。

3)每次用完灶后,必须将灶面背向太阳(雨面)或立起来,防止发生火灾。离家时,要将灶固定,放在安全处。玻璃镜片太阳灶要注意防水。

4)如遇刮风时,应将灶面背风放置,必要时底座加压重物,加固支撑装置,以防灶架(体)被风刮倾斜、翻倒、损坏。

5)太阳灶的转动部分应定期加润滑剂,使其操作方便、灵活。

6)使用太阳灶时,严禁小孩在其周围玩耍。

7)严禁在太阳灶上晾晒衣物。

家用太阳能热水器使用技术

全玻璃真空管式太阳能热水器(简称太阳能热水器),一般由真空集热管、水箱、循环管路、支架等组成。太阳能热水器一般需要专业安装。

太阳能热水器正面

太阳能热水器侧面

 1.如何使用太阳能热水器?

使用前,要认真阅读使用说明书,按照说明书进行操作使用。

1)上水:缓慢打开上水开关,当溢水管出水时,说明水箱已满(或观察水位计)。最佳上水为早上日出前或晚上日落 2 小时后。严禁白天特别是中午上水。

2)上水量:如果明天是晴天,上满水;是阴天,上半箱;雨天,保持原有水。

3)首次使用,应排除水箱、管道中的杂物。使用时,先打冷水开关,再微调热水开关,防止烫伤。不使用时,应当关闭上下水开关。雷雨天严禁使用。

4)带电辅助加热的热水器,必须良好接地,先切断电源后再使用,防止触电。

5)太阳能热水器内的热水不能饮用。

 2.日常管理与维护

1)热水器周围不要放置杂物,长期不用时,应用遮挡物挡住热水器。

2)定期清洗真空管和反光板,注意不要碰坏真空管下端。

3)定期检查排气孔保持畅通。

4)每年检查加固支架的钢筋是否生锈松动,保温是否完好,是否有漏水之处,真空管是否完好。发现问题及时维修或与售后部门联系。

 3.使用中常见问题及处理方法

常见问题

水温忽冷忽热

处理方法

1.自来水压力波动。洗浴时不要开另外的自来水开关,或增加备用水箱稳压。

1.自来水压力太低。待水压高时使用，或放水冷却后再洗浴。

1.自来水压力太低。待水压升高时使用，或增加副水箱高度。

1.热水器水箱与喷头压差小。更换无压喷头。

2.喷头孔眼小且少，或有杂质部分堵塞。可换喷水量大的喷头或清理喷头。

1.水箱内水已放空。待上满水晒热后再使用。

2.管路接口脱落、堵塞或开关漏水。重新接好、疏通管道或拧紧开关。

3.冬季上下水管冻结。太阳出来后约3小时即自行化开。

4.上水开关漏水，造成水回流。更换开关。

5.喷头开关失灵，实际并未打开。更换喷头。

1.停水或水压太低。待来水或水压升高时上水。

2.管路接口脱落或破损。

3.开关失灵，实际未打开。更换开关。

4.真空管破损。更换真空管。

5.溢流管脱落，水箱水溢流到房顶。连接溢流管。

户用光伏发电设备的使用与维护

 1.光伏发电设备的安装和使用

（1）先看说明书

认真阅读光伏组件（光伏面板）、控制器、逆

变器和蓄电池的使用说明。

（2）安装及使用前检查

严格按安装说明书或技术要求安装支架及光伏组件，使用前认真检查基础和支架是否牢固可靠，支架连接光伏组件的螺栓是否上紧，支架接地及电器系统接线是否正确牢固，蓄电池电压是否在允许范围内（见蓄电池说明书）。

对于分离式系统，安装连接电路时应注意按照先连接蓄电池与控制器、逆变器再接入光伏组件的次序连接电路，拆卸时也应按照先断开光伏

组件，然后断开逆变器、控制器与蓄电池的连接。当电路连接完成且蓄电池电压符合供电要求时，系统就可以投入使用了。使用时，先打开逆变器开关，系统开始提供 220 伏交流电，再打开家用电器，开始用电。停机时，先关闭家用电器开关，再关闭逆变器开关。

（3）使用要点

每年夏季发电较多，蓄电池经常充满，这时可适当增加用电时间，也可以同时使用多个电器。注意：夏天光伏设备温度会上升，应注意检查逆变器等光伏设备温度，必要时可以暂停使用。冬季或者连续多日阴雨天，蓄电池充电不足时，应停止或缩短对负载的供电时间。

 2.光伏组件的维护

1）光伏面板表面应保持清洁，定期用干燥或潮湿的柔软洁净布料擦拭光伏面板，严禁使用腐蚀性溶剂或用硬物擦拭光伏组件；

2）夏季光伏面板表面温度较高，禁止在白天用凉水清洗，防止温差过大玻璃炸裂，严禁在

开裂或烧毁,接线端子无法良好连接。④中空玻璃结露、进水、失效;⑤玻璃松动、开裂、破损等。

6)请不要在光伏组件上面覆盖任何物品。

7)日常细心观察控制逆变器,如果发现逆变器有异常响声、异味、短路开关经常跳开等,应立即停止用电,过载灯常亮应检查用电线路是否短路,用电器是否超过逆变器的额定功率。

8)铅酸蓄电池日常维护应注意下列要点:①蓄电池必须经常保持清洁;②不要使任何外来杂质落入蓄电池内;③切勿将金属物品放在蓄电池上面,以防发生短路事故;④定期清洁蓄电池外部的硫酸痕迹等污物,清洁时注意安全,防止触电,建议使用橡胶绝缘手套;⑤蓄电池应放置在阴凉通风地方,长期搁置不用时,要每月充电一次。

大风、大雨或大雪天清洗光伏面板;

3)光伏面板应定期检查,若发现下列问题应立即调整或更换光伏组件:①光伏面板存在玻璃破碎、背板灼焦、明显的颜色变化;②光伏面板中存在与组件边缘或任何电路之间形成连通通道的气泡;③光伏面板接线盒变形、扭曲、

我的电压太低了,快给我充电。

户用小型风力发电机的使用与维护

1.户用小型风力发电机使用

（1）先看说明书

认真阅读小型风力发电机、逆变器和蓄电池的使用说明。

先看说明书

（2）使用前认真检查

每次使用前，检查风力机安装是否完整、基础和支架安装牢固可靠，接地及电器系统接线是否正确牢固、蓄电池电压在允许范围内（见蓄电池说明书），关闭风力机控制器和逆变器的所有开关。使用时，先开风力机开关，确认风机运行发

电向蓄电池充电控制器工作正常时，再打开逆变器开关，系统开始提供 220 伏交流电，最后打开家用电器，开始用电。

停机时，先关闭家用电器开关，再关闭逆变器开关，最后关闭风力机控制器开关。

（3）使用要点

在每年多风或风力强时，风力机发电较多，蓄电池经常充满，这时可适当增加用电时间或同时使用多个电器。注意：高风速持续时间越长，卸荷器温度会上升，应注意检查卸荷器温度，保持良好散热。

在每年无风期，风力机发电较少，蓄电池很少充满，这时要适当减少用电时间并减少家用电器的使用数量。当低风速或无风时间较长时，要检查蓄电池电压，当单个蓄电池电压低于 10 伏时须停止使用并采用其他电源给蓄电池充电。

2.户用小型风力发电机维护

（1）机械部分

日常维护就是要平时多看、听、查风力发

机各部件,查看固定螺丝是否松动,固定立杆的钢丝绳、卡箍是否晃动,如有异常情况及时停机检查。

(2)电器部分

日常细心观察控制逆变器,如果发现逆变器有异常响声、异味、短路开关经常跳开等,应立即停止用电,过载灯常亮应检查用电线路是否短路,用电器是否超过逆变器的额定功率。卸荷电阻在大风天气时发热是正常现象,请不要在卸荷电阻上面覆盖任何物品。

(3)铅酸蓄电池部分

对于铅酸蓄电池,日常维护应注意下列要点:

1)蓄电池必须经常保持清洁;

2)不要使任何外来杂质落入蓄电池内;

3)切勿将金属物品放在蓄电池上面,以防发生短路事故;

我的电压太低了,快给我充电。

4)定期清洁蓄电池外部的硫酸痕迹等污物,清洁时注意安全,防止触电,建议使用橡胶绝缘手套;

5)蓄电池应放置在阴凉通风地方,长期搁置不用时,要每月充电一次。

3.狂风或暴风来临时的防护措施

天气预报预警狂风或暴风来临时,为了保护风力发电机要按照先关闭家用电器开关,再关闭逆变器开关,最后关闭风力机开关的顺序关闭所有开关,其次将风力机风轮旋转面与尾翼面平行,最后放倒风力机或拆下风轮,妥善保管。

①接到消息后,按顺序停车或关机。

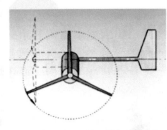

② 使风轮旋转面与尾翼面平行。

③放倒风力机或拆下风轮(台风来临前)。